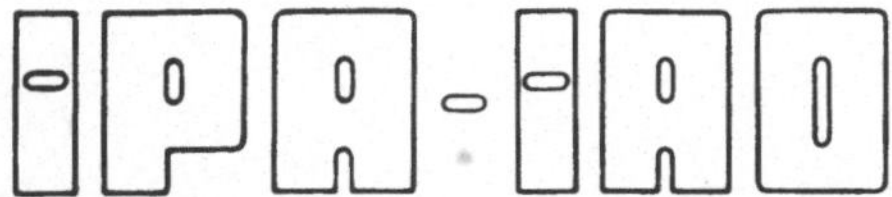

Forschung und Praxis

Band 194

Berichte aus dem
Fraunhofer-Institut für Produktionstechnik
und Automatisierung (IPA), Stuttgart,
Fraunhofer-Institut für Arbeitswirtschaft
und Organisation (IAO), Stuttgart,
Institut für Industrielle Fertigung und
Fabrikbetrieb der Universität Stuttgart und
Institut für Arbeitswissenschaft und
Technologiemanagement, Universität Stuttgart

Herausgeber: H.J. Warnecke und H.-J. Bullinger

Claus Görner

Vorgehenssystematik zum Prototyping graphisch-interaktiver Audio/Video-Schnittstellen

Mit 66 Abbildungen

Springer-Verlag
Berlin Heidelberg New York
London Paris Tokyo
Hong Kong Barcelona
Budapest 1994

Dipl.-Psych. Claus Görner
Justus-Liebig-Universität Gießen

Prof. Dr. M. Frese
Justus-Liebig-Universität Gießen

Prof. Dr.-Ing. habil. Prof. e. h Dr. h. c. H.-J. Bullinger
o. Professor an der Universität Stuttgart
Fraunhofer-Institut für Arbeitswirtschaft und Organisation (IAO), Stuttgart

Prof. Dr.-Ing. Dr. h. c. Dr.-Ing. E. h. H. J. Warnecke
o. Professor an der Universität Stuttgart
Fraunhofer-Institut für Produktionstechnik und Automatisierung (IPA), Stuttgart

D 93

ISBN-13: 978-3-540-57886-4   e-ISBN-13: 978-3-642-47888-8
DOI: 10.1007/ 978-3-642-47888-8

Gesamtherstellung: Copydruck GmbH, Heimsheim
SPIN 10467733   62/3020-6 5 4 3 2 1 0

Geleitwort der Herausgeber

Über den Erfolg und das Bestehen von Unternehmen in einer markt-
wirtschaftlichen Ordnung entscheidet letztendlich der Absatzmarkt.
Das bedeutet, möglichst frühzeitig absatzmarktorientierte Anforderungen sowie deren Veränderungen zu erkennen und darauf zu reagie-
ren.

Neue Technologien und Werkstoffe ermöglichen neue Produkte und er-
öffnen neue Märkte. Die neuen Produktions- und Informationstechno-
logien verwandeln signifikant und nachhaltig unsere industrielle
Arbeitswelt. Politische und gesellschaftliche Veränderungen signa-
lisieren und begleiten dabei einen Wertewandel, der auch in unse-
ren Industriebetrieben deutlichen Niederschlag findet.

Die Aufgaben des Produktionsmanagements sind vielfältiger und an-
spruchsvoller geworden. Die Integration des europäischen Marktes,
die Globalisierung vieler Industrien, die zunehmende Innovations-
geschwindigkeit, die Entwicklung zur Freizeitgesellschaft und die
übergreifenden ökologischen und sozialen Probleme, zu deren Lösung
die Wirtschaft ihren Beitrag leisten muß, erfordern von den Füh-
rungskräften erweiterte Perspektiven und Antworten, die über den
Fokus traditionellen Produktionsmanagements deutlich hinausgehen.

Neue Formen der Arbeitsorganisation im indirekten und direkten
Bereich sind heute schon feste Bestandteile innovativer Unternehmen. Die Entkopplung der Arbeitszeit von der Betriebszeit, integrierte Planungsansätze sowie der Aufbau dezentraler Strukturen
sind nur einige der Konzepte, die die aktuellen Entwicklungsrich-
tungen kennzeichnen. Erfreulich ist der Trend, immer mehr den Menschen in den Mittelpunkt der Arbeitsgestaltung zu stellen - die
traditionell eher technokratisch akzentuierten Ansätze weichen einer stärkeren Human- und Organisationsorientierung. Qualifizie-
rungsprogramme, Training und andere Formen der Mitarbeiterent-
wicklung gewinnen als Differenzierungsmerkmal und als Zukunftsin-
vestition in *Human Recources* an strategischer Bedeutung.

Von wissenschaftlicher Seite muß dieses Bemühen durch die Entwicklung von Methoden und Vorgehensweisen zur systematischen
Analyse und Verbesserung des Systems Produktionsbetrieb einschließlich der erforderlichen Dienstleistungsfunktionen unterstützt werden. Die Ingenieure sind hier gefordert, in enger Zusam-
menarbeit mit anderen Disziplinen, z.B. der Informatik, der Wirt-
schaftswissenschaften und der Arbeitswissenschaft, Lösungen zu erarbeiten, die den veränderten Randbedingungen Rechnung tragen.

Die von den Herausgebern geleiteten Institute, das

- Institut für Industrielle Fertigung und Fabrikbetrieb der
  Universität Stuttgart (IFF),

- Institut für Arbeitswissenschaft und Technologiemanagement (IAT)

- Fraunhofer-Institut für Produktionstechnik und Automatisierung
  (IPA),

- Fraunhofer-Institut für Arbeitswirtschaft und Organisation (IAO)

arbeiten in grundlegender und angewandter Forschung intensiv an
den oben aufgezeigten Entwicklungen mit. Die Ausstattung der
Labors und die Qualifikation der Mitarbeiter haben bereits in der
Vergangenheit zu Forschungsergebnissen geführt, die für die Praxis
von großem Wert waren. Zur Umsetzung gewonnener Erkenntnisse wird
die Schriftenreihe "IPA-IAO - Forschung und Praxis" herausgegeben.
Der vorliegende Band setzt diese Reihe fort. Eine Übersicht über
bisher erschienene Titel wird am Schluß dieses Buches gegeben.

Dem Verfasser sei für die geleistete Arbeit gedankt, dem Springer-
Verlag für die Aufnahme dieser Schriftenreihe in seine Angebots-
palette und der Druckerei für saubere und zügige Ausführung. Möge
das Buch von der Fachwelt gut aufgenommen werden.

H.J. Warnecke   H.-J. Bullinger

Vorwort

Die vorliegende Arbeit entstand während meiner Tätigkeit als wissenschaftlicher Mitarbeiter am Institut für Arbeitswissenschaft und Technologiemanagement der Universität Stuttgart.

Herrn Prof. Dr. M. Frese, Leiter des Fachbereichs Psychologie der Universität Gießen, danke ich für seine freundliche Unterstützung und seine konstruktiven Verbesserungsvorschläge bei der Erstellung und Durchführung dieser Arbeit.

Herrn Prof. Dr.-Ing. habil. Prof. e.h. Dr. h.c. H.-J. Bullinger, Leiter des Instituts für Arbeitswissenschaft und Technologiemanagement an der Universität Stuttgart, danke ich für die Übernahme des Mitberichts und seine wohlwollende Förderung.

Weiterhin gilt mein Dank Herrn Dr.-Ing. K.-P. Fähnrich, für seine wertvollen Anregungen und kritischen Kommentare von Beginn der Arbeit an, die mir manchen Umweg erspart haben.

Nicht zuletzt möchte ich mich bei den Kollegen der Arbeitsgruppe Software-Ergonomie am Institut für Arbeitswissenschaft und Technologiemanagement und am Institut für Arbeitswirtschaft und Organisation bedanken, die durch ihre Diskussionsbereitschaft und kollegiale Unterstützung zum Gelingen dieser Arbeit beigetragen haben.

Gießen, im Juni 1993   Claus Görner

Inhalt

Verzeichnis der Abkürzungen

A/V-System	Audio/Video-System
CD	Compact Disc
CD-KS	CD-Komplettsicht
CD-PS	CD-Parametersicht
CDI	Compact Disc Interactive (interaktive CD)
CUA	Common User Access
DIN	Deutsches Institut für Normung
DFD	Datenflußdiagramm
DV	Digital-Verstärker
DV-KS	DV-Komplettsicht
DV-PS	DV-Parametersicht
E/A	Ein-/Ausgabe
ERM	Entity Relationship Model
EVA	Echtzeit- und Video-Analyse
GS	Gesamtsystem
GS-Det.S	Gesamtsystem-Detailsicht
GUI	Graphical User Interface
ISO	International Standardisation Organisation
OSF	Open Software Foundation
pip	picture in picture; Zweitbild-Darstellung
RISC	Reduced Instruction Set Computer
SNI	Siemens-Nixdorf
SADT	Structured Analysis and Design Technique
SSADM	Structured System Analysis and Design Method
TV	Television, Fernseher
TV-DS1	TV-Datensicht 1
TV-DS2	TV-Datensicht 2
TV-KS	TV-Komplettsicht
TV-PS	TV-Parametersicht
UIMS	User Interface Management System
VCR	Video-Cassetten-Rekorder
VCR-DS	VCR-Datensicht
VCR-KS	VCR-Komplettsicht
VCR-PS	VCR-Parametersicht
VDI	Verein Deutscher Ingenieure
VPS	Video-Programmier-Signal

Vorgehenssystematik zum Prototyping graphisch-interaktiver Audio/Video-Schnittstellen

1.   Einleitung

Noch vor weniger als 10 Jahren war die Bedienung von Computern ein kompliziertes Vorhaben, das nur von Experten beherrscht wurde. Der Einstieg in die elektronische Textverarbeitung bedeutete beispielsweise, daß eine mindestens 14-tägige Kompaktschulung durchlaufen werden mußte. Es war notwendig, sich mit der Rechnerarchitektur und Log-In-Prozeduren zu beschäftigen und ausgefeilte Formatier-, Editier- und Drucksteuerungscodes zu erlernen. Beim Umstieg auf einen anderen Rechner mußte ähnliches Wissen für das neue System ein weiteres Mal erworben werden, weil nur wenig standardisierte Elemente vorhanden waren. Heute können Texte und Briefe bereits nach 1-2 stündiger Einführung so effizient wie vorher an der Schreibmaschine erstellt werden. Nach kurzer Zeit übertreffen die Ergebnisse die Qualität vergleichbarer Arbeiten an einer Schreibmaschine und Kenntnisse von der Bedienung eines Produkts können zum großen Teil auf ein neues Produkt übertragen werden.

Moderne Computertechnologien werden immer neuen Benutzergruppen zugänglich gemacht, wie beispielsweise Facharbeitern im Maschinenbau und in der Fertigungstechnik (Geitz, 1991), medizinischem Personal (Keil-Slawik, et al., 1991; Rector, et al., 1992), aber immer mehr auch der breiten Bevölkerung durch elektronische Geräte für die privaten Haushalte (Plaisant, et al., 1990; ESPRIT III, 1991; Mountford, 1992; Resnick & Virzi, 1992). Die letztgenannte Benutzergruppe unterscheidet sich von anderen insbesondere dadurch, daß hier im allgemeinen keine oder nur geringe Computer- und sonstige technische Kenntnisse vorausgesetzt werden dürfen.

Produkte für den Verbrauchermarkt werden aber vor allem unter technikzentrierten Gesichtspunkten entwickelt. Im Vordergrund steht das technisch Machbare.

Uneinheitliche Bedienungskonzepte führten auch hier dazu, daß zahlreiche Anwender nicht in der Lage sind, Audio/Video-Geräte, Satellitenempfänger, aber auch "weiße Waren" wie Mikrowellengeräte oder Waschmaschinen, ohne fremde Hilfe zu bedienen. Phillips (1991) berichtet zum Beispiel, daß nur 2% der Zeit, die fürs Fernsehen verbracht wird, auf zeitversetzt aufgenommene Sendungen entfällt. Dieser Widerspruch verschärft sich weiter, da durch Miniaturisierungen, neue Kommunikations- und Integrationsmöglichkeiten (Klotz, 1992) die Leistungsspektren solcher Produkte weiterhin stark wachsen werden. Die daraus resultierenden kognitiven Anforderungen an den Endanwender können nur durch benutzerorientierte Gestaltungs- und Entwicklungsmethoden für Schnittstellen zwischen Mensch und neuer Technologie (Kay, 1992) abgeschwächt werden.

Untersuchungen haben gezeigt, daß die Kaufkriterien Branchenname und Produktimage inzwischen hinter Kriterien zur Bedienungsfreundlichkeit zurückfallen (IAT, 1992). Da Produkte für den Endverbrauchermarkt in extrem großen Stückzahlen produziert werden und das finanzielle Risiko, ein neues Produkt auf den Markt zu bringen, entsprechend hoch ist, werden Bemühungen, die Funktionalität und Bedienung eines neuen Produkts unmittelbar verständlich zu gestalten, künftig auch aus wirtschaftlichen Aspekten einen höheren Stellenwert erhalten und bisherige "Trial-and-Error"-Strategien ersetzen.

Technische Entwicklungen wie interaktive CDs (CDI), Bussysteme zum Informationsaustausch zwischen Geräten im Haushalt (z.B. zwischen Heizungsregelung, Licht- und Sicherheitssystem, Videoanlage), erlauben es heute, den Benutzer klarer und umfassender über den gegenwärtigen "System"-Zustand und die Bedienungsmöglichkeiten zu informieren und dadurch trotz steigender Funktionalität die Akzeptanz bei den angesprochenen Zielgruppen zu erhöhen. Um dies zu erreichen, werden Methoden für eine systematische Produktergonomie und benutzergerechtes Technologiemanagement benötigt. Neue Methoden werden sich aber nur dann durchsetzen, wenn sie neben ergonomischen Produkten auch einen kostengünstigen und effizienteren Entwicklungsprozeß gewährleisten.

2. Zielsetzung und Lösungsansatz

2.1 Problemstellung

Das Ziel dieser Arbeit ist die Erarbeitung eines methodischen Konzepts zur Entwicklung innovativer Benutzungsschnittstellen für Geräte der Unterhaltungselektronik. Gerade hier stehen die immer leistungsfähigeren Produkte in krassem Gegensatz zur oft mangelhaften Qualität der Benutzungsschnittstellen und der Tatsache, daß breiteste Bevölkerungsgruppen angesprochen werden sollen. Die folgende Abbildung faßt die Situation in diesem Bereich zusammen.

Mikroprozessor-basierte Geräte für den Endverbrauchermarkt			
Tendenzen der Produktentwicklung		Wandel der Benutzeranforderungen	
Produktionskosten	⬊	Vielfalt der Nutzergruppen	⬈
Prozessorleistung	⬈	technische Spezialkenntnisse	⬊
Funktionalitätsumfang	⬈	Vertrautheit mit Bedienung	⬊
Systemintegration	⬈	Lernbereitschaft	⬊

Abbildung 1: Problemstellung bei der Gestaltung von Benutzungsschnittstellen von mikroprozessor-basierten Geräten für private Haushalte.

Am Beispiel einer Prototypentwicklung für eine graphisch-interaktive Schnittstelle eines integrierten Audio/Video-Systems werden in dieser Arbeit einzelne Methodenbausteine erprobt und Hinweise abgeleitet, wie elektronische Endverbraucherprodukte trotz steigendem Komplexitäts- und Integrationsgrad transparenter und benutzergerechter gestaltet werden können.

Da Benutzer in diesem Anwendungsbereich nicht durch Schulungskonzepte für die Benutzung der Geräte qualifiziert werden können, wird anstelle des technozentrierten Ansatzes ein anthropozentrisches Entwicklungskonzept (Nullmeier & Rödiger, 1988, zit. in Frese & Brodbeck, 1989) entwickelt, das auf arbeitswissenschaftlichen, psychologischen und software-ergonomischen Erkenntnissen aufbaut und die Fertigkeiten und Fähigkeiten der spezifischen Benutzerpopulation ausreichend berücksichtigt.

Das Ziel transparenter und benutzergerechter Mensch-Geräte-Schnittstellen läßt sich dadurch erreichen:

- daß der Entwurf der Mensch-Geräte-Schnittstelle vorrangig vor hardware- und software-technischen Erwägungen berücksichtigt wird,
- daß Handlungsziele und menschliche Informationsverarbeitungsprozesse modelliert werden und in den Gestaltungsprozeß einfließen,
- daß benutzerorientierte Analyse-, Entwurfs- und Evaluationsverfahren genutzt werden, die mit wirtschaftlich vertretbarem Aufwand realisierbar sind,
- daß Software-Entwicklungswerkzeuge eingesetzt werden, die den zunehmenden Entwicklungsaufwand früher Phasen kompensieren,
- daß modularisierbare und standardisierbare Bedienungselemente bereitgestellt werden.

2.2   Vorgehensweise

Für das Gestaltungsfeld mikroprozessor-basierter Produkte für den Endverbrauchermarkt wird auf der Basis arbeitswissenschaftlicher, psychologischer und informationstechnischer Grundlagen eine Vorgehenssystematik zum Prototyping benutzergerechter Mensch-Geräte-Schnittstellen entworfen und exemplarisch für den Bereich der Unterhaltungselektronik angewandt. Anhand der Gestaltung einer graphisch-interaktiven Benutzungsschnittstelle eines integrierten Audio/Video-Systems (A/V-Systems) wird aufgezeigt, wie trotz hoher Komplexität eine verbesserte Bedienbarkeit und erhöhter Bedienungskomfort erreicht werden kann. Das Beispiel stammt aus einer Branche mit hohen Wachstumsprognosen, in der benutzergerechte Verfahren bisher kaum Eingang gefunden haben.

Zur Umsetzung der Ziele dieser Arbeit sind folgende Teilschritte erforderlich:

- Zusammenführung relevanter Erkenntnisse und Methoden der verschiedenen Forschungsbereiche zur Entwicklung von Benutzungsschnittstellen (Arbeitswissenschaft, Psychologie, Informatik),
- Ableitung von Anforderungen an ein software-ergonomisches Entwicklungsverfahren unter Berücksichtigung der besonderen Gegebenheiten des ausgewählten Produktbereichs,
- Neuentwicklung, Anpassung und Integration benötigter Methodenbausteine in ein Gesamtkonzept,
- Praxiseinsatz des Verfahrens bei der Entwicklung einer prototypischen Mensch-Geräte-Schnittstelle,
- Auswertung der Ergebnisse und Bewertung des Entwicklungsverfahrens.

Mensch-Geräte-Interaktion

Stand des Wissens

- ❑ Klassifikation
- ❑ Design
- ❑ Modellierung
- ❑ Evaluation

Konzeption des Entwicklungsverfahrens

- ❑ Anforderungen
- ❑ Methodenauswahl
- ❑ Integration angepaßter und neuer Methodenbausteine

Einsatz des Entwicklungsverfahrens

- ❑ Prototypische Mensch-Geräte-Schnittstelle
- ❑ Bewertung der Bedienbarkeit
- ❑ Methodenbewertung und -generalisierung

Abbildung 2: Vorgehensweise zur Entwicklung eines Prototyping-Verfahrens für ein Audio/Video-System.

Im folgenden Kapitel 3 wird der gegenwärtige Stand der Wissenschaft bezüglich der Entwicklung von Mensch-Rechner-Schnittstellen zusammengefaßt und auf die Besonderheiten des Anwendungsfeldes hingewiesen. In Kapitel 4 werden Anforderungen an ein Entwicklungsverfahren spezifiziert, die sich aus den Spezifika des Anwendungsfeldes ergeben, und die Vorgehenssystematik wird im einzelnen dargelegt. Soweit erforderlich, werden fehlende Methodenbausteine entwickelt und mit adaptierten Komponenten bestehender Methoden integriert. Kapitel 5 zeigt die beispielhafte Umsetzung der Vorgehenssystematik und erläutert die Durchführung und Ergebnisse von Anforderungsanalyse und Spezifikation einer Benutzungsschnittstelle für ein integriertes Audio/Video-System. Die Komponenten der prototypisch implementierten Mensch-Geräte-Interaktion sowie die Maßnahmen zur Messung und Evaluation software-ergonomischer Qualitätsmerkmale werden beschrieben. Kapitel 6 faßt die Arbeit zusammen, bewertet die Ergebnisse des Methodeneinsatzes anhand der aufgestellten Anforderungen und erörtert Generalisierungsmöglichkeiten. Weiterhin werden Gestaltungsregeln zusammengefaßt, die sich auf künftige Produktgestaltungen übertragen lassen.

3. Mensch-Geräte-Interaktion - Stand des Wissens

3.1. Begriffsbestimmung

Bei Computersystemen wird die Komponente als Benutzungsschnittstelle bezeichnet, durch die ein Benutzer Informationen über den internen Zustand des Systems erhält und eigene Anweisungen spezifiziert. In Produkte der Unterhaltungselektronik (z.B. Audio/Video-Geräte) werden immer häufiger leistungsfähige Mikroprozessoren und Speicherbausteine integriert, wodurch auch hier komplexere Anweisungen möglich sind und ein wachsender Informations- und Datenaustausch zu bewältigen ist. Die Anwendung des Begriffs der Benutzungsschnittstelle ist somit übertragbar. Die Benutzungsschnittstelle muß einerseits das technische Leistungsspektrum widerspiegeln, aber andererseits den kognitiven und physiologischen Anforderungen des Benutzers gerecht werden.

Nach Foley & Sibert (1989) fließen zumindest folgende Aspekte ein:
- die Beschreibung der gesamten Eingaben, die ein Benutzer an das Gerät übergibt,
- die Beschreibung aller Ausgaben, die das Gerät an den Benutzer übermittelt,
- die Beschreibung der Strukturierung und der zeitlichen Abfolge von Ein- und Ausgaben, die das Gerät vom Benutzer erwartet.

Unter Anwendungsprogramm ist jeweils die Software angesprochen, die die Umsetzung der Benutzereingaben in gerätespezifische Befehlssequenzen übernimmt. Die Benutzungsschnittstelle eines solchen Programms war in der Vergangenheit meist auf wenige Tasten und äußerst sparsame Statushinweise beschränkt. Im Rahmen neuer Interaktionsformen (z.B. graphische Interaktion) wird ein solches Programm nicht nur um vielseitige Eingabemöglichkeiten, sondern auch um umfangreiche Techniken zur Informationsausgabe bereichert.

3.2. Modelle zur Mensch-Rechner-Interaktion

Benutzungsschnittstellen können sowohl nach technischen Komponenten als auch nach logischen/konzeptionellen Aspekten beschrieben werden. Bei technologieorientierten Modellen für Benutzungsschnittstellen (Balzert, 1987; McMillan, 1992) stehen die technischen Komponenten und deren Wechselwirkungen im Vordergrund, die zur Mensch-Rechner-Interaktion beitragen. Konzeptionelle Schichtenmodelle (Moran, 1981; VDI, 1990) beleuchten dagegen handlungsbe-

zogene, kognitive und motorische Aspekte, die bei der Gestaltung und bei der Evaluation der Mensch-Rechner-Interaktion zum Tragen kommen. Beide Modellarten haben einen wichtigen Einfluß auf die Vorgehenssystematik bei der Entwicklung von Benutzungsschnittstellen und werden deshalb kurz erläutert.

3.2.1.   Technologieorientiertes Schnittstellenmodell

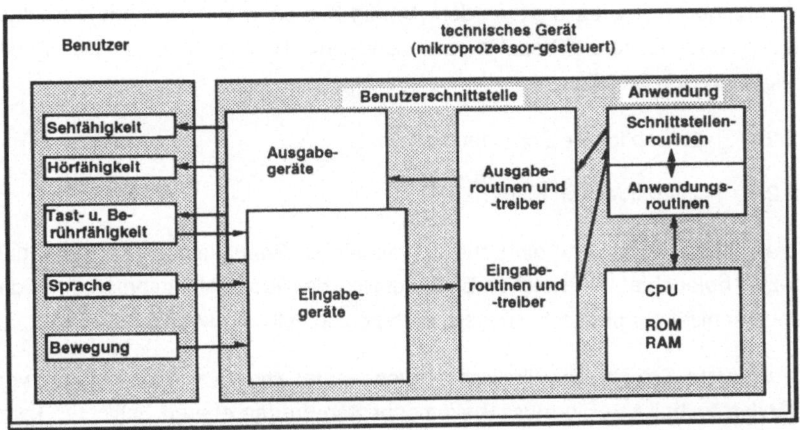

Abbildung 3:   Technische Komponenten einer Benutzungsschnittstelle (nach McMillan, 1992).

Die Beschreibung einer Benutzungsschnittstelle nach technischen Komponenten verdeutlicht, daß durch eine klare Trennung von Ein-/Ausgabekomponenten und eigentlichen Anwendungsroutinen bei gleichbleibender Funktionalität verschiedene Ein-/Ausgabemechanismen realisiert werden können. Durch eine solche Trennung lassen sich einzelne Komponenten unabhängig voneinander entwickeln und modifizieren. Somit läßt sich nicht nur der Entwicklungsprozeß flexibilisieren (z.B. durch paralleles Arbeiten), sondern auch der Änderungsaufwand reduzieren und Iterationszyklen für jede Komponente verkürzen.

Modifikationen können sich beziehen:
- auf den Austausch neuer Ein- oder Ausgabegeräte, die auf den gleichen Ein- und Ausgaberoutinen aufbauen (z.B. Ersatz einer Fernbedienung mit Tasten für unterschiedliche Bandgeschwindigkeiten durch eine andere mit Jog-Shuttle-Bedienung),
- auf den Austausch von Ein- und Ausgaberoutinen, um das Verhalten vorhandener Ein- oder Ausgabegeräte zu modifizieren (z.B. können auf eine Benutzereingabe unterschiedliche Gerätefeedbacks realisiert werden),
- auf den vollständigen Ersatz der Benutzungsschnittstelle durch neue Ein- oder Ausgabegeräte und entsprechend neue Ein- und Ausgaberoutinen

(z.B. Austausch einer Fernbedienung mit LCD-Anzeige durch ein Menüsystem am Fernsehschirm).

Die Anwendung selbst (z.B. Aufzeichnungsmöglichkeit einer programmierten
Sendung) und die technischen Leistungsmerkmale des Geräts bleiben jeweils un-
verändert, auch wenn für verschiedene Benutzerinteressen völlig neue Interak-
tionsmechanismen realisiert werden. Häufig bestehen Unterschiede zwischen
Niedrig- und Hochpreis-Produkten bei technischer Baugleichheit lediglich in der
Benutzungsschnittstelle.

3.2.2.   Konzeptionelle Schichtenmodelle

3.2.2.1.   Das Modell von Moran

Moran (1981) konzipierte ein Schichtenmodell der Benutzungsschnittstelle, das
speziell beleuchtet, mit welchen Bestandteilen des Anwendungsprogramms der
Benutzer nicht nur physisch, sondern auch perzeptuell oder kognitiv interagiert.

Die unterste Schicht (physikalische Komponente) umfaßt wie das Modell von
McMillan technische Ein-/Ausgabekomponenten. In den oberen Schichten kommen Konstrukte hinzu wie Handlungssequenzen in der Aufgabenbearbeitung
(konzeptuelle Komponente) und die syntaktische Zusammensetzung von Interak-
tionsabläufen (Kommunikationskomponente). Darin kommt vor allem das Wissen
über die Nutzungsabsichten und Charakteristika der Benutzer zum Ausdruck. Am
Zusammenwirken der verschiedenen Schichten läßt sich erkennen, daß die
Bedienbarkeit eines Produkts in sehr hohem Maße von einer möglichst großen
Anpassung der kognitiven Modelle von Entwickler (aus technischer Sicht) und
Benutzer (aus Aufgabensicht) abhängt.

3.2.2.2.   Der VDI-Modellrahmen

Die VDI-Richtlinie 5005 zur Software-Ergonomie in der Bürokommunikation (VDI,
1990) basiert auf einem Modell der Mensch-Rechner-Schnittstelle (Bullinger &
Fähnrich, 1984; Bullinger, 1985; Fähnrich, Ziegler, 1987), in das Gestaltungsanforderungen aus Aufgabencharakteristika und Arbeitsweise der Benutzer systematisch eingegliedert werden. Es ist untergliedert in die vier Abstraktionsebenen:
Aufgaben-Ebene, Funktionale Ebene, Operative Ebene, Ein-/Ausgabe-Ebene. Der
VDI-Modellrahmen gibt nicht nur Hinweise zu Gestaltungsaspekten jeder einzelnen Ebene, sondern bietet damit auch Richtlinien für die Evaluation der software-
ergonomischen Qualität einer Benutzungsschnittstelle nach den Kriterien Kompe-
tenzförderlichkeit, Handlungsflexibilität, Aufgabenangemessenheit.

3.2.3.   Bewertung

Beiden Modellarten ist gemein, daß sie die Mensch-Rechner-Interaktion als eine von der Anwendung weitgehend unabhängige Komponente betrachten, die eigenständig konzipiert und entwickelt werden kann.

Die Grenzziehung zwischen den Ebenen fällt je nach Modell leicht unterschiedlich aus. In der Praxis sind die Grenzen nicht eindeutig zu ziehen. Die Auswahl der Ein-/Ausgabe-Instrumente kann zum Beispiel nicht immer losgelöst von der Aufgabenebene betrachtet werden. Erfordert die Aufgabe etwa die Eingabe freier Texte und Ziffern, kann die Realisierbarkeit über ein Zeigeinstrument eingeschränkt sein.

Eine duale Darstellung unterstreicht in allen Modellen den Informationsaustausch zwischen Mensch und Computer und verdeutlicht somit auch Bedienungsschwierigkeiten durch mögliche Diskrepanzen zwischen dem Anwendungsmodell des Entwicklers und dem Anwendungsmodell des Benutzers, die Norman (1986) als "Handlungs- und Evaluationskluft" (gulf of execution and gulf of evaluation) beschreibt.

3.3.   Klassifikation von Benutzungsschnittstellen für Geräte in der Unterhaltungselektronik

Je nach technischer Zusammenstellung und angestrebtem Preis- und Marktsegment fallen Benutzungsschnittstellen von Geräten in der Unterhaltungselektronik sehr verschieden aus. Eine Reihe von Ein-/Ausgabe-Techniken werden eingesetzt, die aus software-ergonomischer Sicht unterschiedlich geeignet sind, den Benutzer bei der Erreichung seiner Handlungsziele zu unterstützen.

3.3.1.   Zifferntastatur

Gelegentlich werden reine Zifferntastaturen für Benutzereingaben genutzt. Hierbei muß jede Funktion, die ein Benutzer anstoßen kann, als Zahlencode eingegeben werden, der vom System interpretiert wird. Die Bedienbarkeit eines solchen Systems hängt sehr stark von anderen, mentalen Hilfen für den Benutzer ab (z.B. Rückmeldungen auf mehreren Sinneskanälen). Es kommt jedoch vor, daß weder ein Display zur Verfügung steht, noch akustisches Feedback gegeben wird. In diesem Fall ist die taktile Empfindung beim Drücken einer Taste die einzige Orientierungshilfe für den Benutzer.

Bedienungsschwierigkeiten können bei ungeeigneter Benutzerführung darin bestehen, daß

- der Benutzer sich nicht erinnert, daß eine bestimmte Funktion zur Verfügung steht (semantische Ebene),
- der Benutzer den Code für eine Funktion nicht mehr weiß, sofern sie nicht als Auswahlmenü präsentiert wird (syntaktische Ebene),
- der Benutzer einen Code verwechselt (syntaktische Ebene),
- der Benutzer nicht erkennt, ob er den beabsichtigten Code korrekt oder mit Tipp-Fehlern eingegeben hat (Ein-/Ausgabeebene).

3.3.2. Beschriftete Funktionstasten

Die am weitesten verbreitete Art der Mensch-Geräte-Interaktion in der Unterhaltungselektronik basiert auf Bedieneinheiten mit Tasten, die gemäß ihrer Funktionalität beschriftet sind. Diese Lösung reduziert die mentale Beanspruchung des Benutzers insofern, als er nur noch verstehen muß, welche Bezeichnung einer bestimmten Bedeutung und Funktion zugeordnet ist. Er wird quasi vom System daran erinnert, welche Funktionen zur Verfügung stehen.

Aus Platzgründen werden textuelle Tastenbeschriftungen oft durch graphische Symbole ersetzt. Diese Lösung ist zum Beispiel bei Audio- und Videogeräten verbreitet. Die Symbole für die Funktionen "Wiedergabe", "Stop", "Aufnahme" sind bereits in hohem Maße vereinheitlicht.

Mit zunehmender Zahl an verfügbaren Funktionen werden Bedienkonsolen zu groß, um jeder Taste genau eine Bedeutung zuordnen zu können. In solchen Fällen werden einer Taste dann bis zu drei verschiedene Funktionen zugeordnet, die je nach eingeschaltetem Modus (über bestimmte Umschalttasten) erreichbar sind. Jeder Modus wird durch eine bestimmte Art der Tastenbeschriftung verdeutlicht. Solange hier kein Display für Rückmeldungen des Systems zur Verfügung steht, ist der Benutzer auch hier darauf angewiesen, die Korrektheit seiner Eingaben aus den Reaktionen des Geräts zu interpretieren (z.B. wenn er die Taste für Wiedergabe gedrückt hat und hört, daß sich das Laufwerk einschaltet).

Typische Schwierigkeiten bei der Bedienung sind:
- der Benutzer vergißt die Bedeutung verschiedener Tastenbezeichnungen und -symbole und kann somit einen Teil der Funktionalität nicht mehr in Anspruch nehmen; möglicherweise vergißt er sogar, daß das Gerät diese Funktionalität überhaupt besitzt (Aufgabenebene),
- der Benutzer kennt für eine gewünschte Aktion nicht die zugehörige Taste oder Tastenkombination (semantische Ebene),

- der Benutzer verwechselt die Tastensymbolik und die Zuordnung zu verschiedenen Modi (syntaktische Ebene),
- der Benutzer findet zwar die richtige Taste, übersieht aber die notwendige Modusumschaltung und erzeugt eine Reaktion des Geräts, die er nicht erwartet hat (Ein-/Ausgabeebene).

3.3.3.   Menü-Display

Eine Methode, viele Funktionen übersichtlich zur Verfügung zu stellen, besteht darin, jeweils zulässige Eingabemöglichkeiten in Form eines Menüs zu präsentieren, aus dem der Benutzer lediglich das Gewünschte auszuwählen braucht. Menüoptionen können akustisch dargeboten werden (Resnick & Virzi, 1992). Im Unterhaltungsbereich werden erste visuelle Menüs (Display oder Bildschirm) eingesetzt. Einige Fernsehgeräte bieten Lösungen, bei denen die Funktionalität in textuellen Menüs am Bildschirm angezeigt wird und der Benutzer durch die Eingabe von Zahlencodes, die ebenfalls am Bildschirm aufgelistet werden, die gewünschte Funktion auswählt.

Der Vorteil einer Lösung über Menüs liegt darin, daß die gesamte Funktionalität in sprachlich verständlicher Form dargestellt werden kann. Häufig wird eine hierarchisch verschachtelte Menüstruktur gewählt. Die Zeit, die der Benutzer benötigt, um eine gewünschte Funktion aufzufinden und auszuwählen, ist dabei ein entscheidendes Kriterium für die Akzeptanz des Systems. Nicht jede Funktion kann geeigneterweise über ein Menüsystem realisiert werden, zum Beispiel wenn die Eingabe weiterer Parameter erforderlich ist, wie bei der Programmierung einer Sendung, für die das System genaue Angaben über das Datum, die Zeit und den Sender benötigt. Solche Parameter sind über die Menütechnik umständlich einzugeben. Es ist zu beobachten, daß Menüeinträge auf verschiedenste Weise eingesetzt werden (z.B. Camcorder). So kann die Selektion eines Menüeintrags zu einer anderen Hierarchieebene führen, sofort eine Aktion auslösen (z.B. Zählwerk auf Null stellen) oder ein Set von Parametereinstellungen durchlaufen (z.B. Wechsel zwischen long play / short play). Wenn durch Selektion eines Menüeintrags Dauereinstellungen vorgenommen werden, die nur beim eingeblendeten Menü angezeigt werden, sind auch hier Benutzerfehler auf der funktionalen Ebene vorhersehbar.

3.3.4.   Graphisch-interaktives Display

Graphisch-interaktive Benutzungsschnittstellen (graphical user interfaces, GUIs) bieten eine Reihe weiterer Gestaltungsmöglichkeiten. GUIs setzen voraus, daß eine Ausgabeeinheit zur Verfügung steht, auf der sich zusätzlich zu normalem Text auch graphische Elemente wie Linien, Schattierungen, Piktogramme u.ä.

darstellen lassen und zu jeder Benutzereingabe unmittelbar visuelles Feedback ausgegeben werden kann. Die Bildschirmelemente sind sensitiv für Benutzereingaben und führen zu beliebig definierbaren Systemreaktionen. Insbesondere die schnelle visuelle Rückkopplung vermittelt dem Benutzer eine leichte Orientierung bei der Bedienung. Durch Analogien der graphisch dargestellten Bildschirmelemente zu Bedienungselementen oder Tätigkeiten aus anderen, bereits bekannten Bereichen kann die Selbsterklärungsfähigkeit einer graphischen Benutzungsschnittstelle sehr hoch sein (Peters et al., 1990). Die gebräuchlichste Verwendung ist zum Beispiel die bildliche Repräsentation von Tasten und Schaltern, durch deren Selektion Funktionen ausgelöst werden (IBM, 1991, Microsoft, 1991). Sämtliche Eingabemöglichkeiten können nicht nur graphisch auf dem Bildschirm repräsentiert werden, der Benutzer beobachtet auch unmittelbar eine Veränderung am Bildschirm und sei es nur, daß eine selektierte Taste kurzzeitig "als gedrückt" dargestellt wird. Durch diese unmittelbare Rückkopplung ist der Benutzer jederzeit darüber informiert, welche Eingaben das System gerade verarbeitet.

Eine Reihe von Untersuchungen belegen die Überlegenheit von Bildern bei der kognitiven Verarbeitung von Informationen (Staufer, 1987). Die Kombination von Text und Graphik kann die Verarbeitungsqualität nochmals steigern (Tepper, 1991). Möglichkeiten des Lerntransfers zwischen verschiedenen Anwendungsbereichen wurden von Vossen et al. (1987) aufgezeigt.

Aus dem Bürobereich liegen Erkenntnisse vor, die zeigen, daß graphisch-interaktive Benutzungsschnittstellen auch Nicht-Experten in die Lage versetzen, schnell und effizient zu arbeiten und selbst bei Experten Leistungssteigerungen in erheblichem Umfang zu erwarten sind (Altmann, 1987, Streitz et al., 1989, Rauterberg, 1992).

Allerdings ist zu beachten, daß eine gute benutzerorientierte Gestaltung wesentlich stärker zur Bedienbarkeit eines Systems beitragen kann, als die Wahl einer bestimmten Interaktionstechnik (Whiteside et al., 1985; Peters et al., 1990). Es ist aber zu prüfen inwieweit graphisch-interaktive Benutzungsschnittstellen auch für eine neue Generation elektronischer Geräte in der Unterhaltungsbranche angemessene Bedienungsmöglichkeiten und somit eine gute Akzeptanz gewährleisten.

3.3.5.   Bewertung

Die Gestaltung einer graphischen Mensch-Geräte-Schnittstelle erfordert nicht nur die angemessene Visualisierung geeigneter "Arbeits"-objekte (Informationsgestaltung), sondern auch eine systematische und auf die jeweiligen Tätigkeitsabläufe zugeschnittene Funktionsauswahl und Dialoggestaltung. Die folgende Tabelle stellt eine vergleichende Bewertung verschiedener Techniken anhand ihrer wichtigsten Differenzierungsmerkmale (Peters et al., 1990) gegenüber und zeigt, daß die Interaktion über graphisch dargestellte Bildschirmelemente und über Direkte Manipulation Benutzungseigenschaften besitzt, die gerade für die Benutzergruppen in der Unterhaltungselektronik von Bedeutung sein können. Zwar beobachteten Peters et al. (1990) in einem systematischen Vergleich verschiedener Dialogtechniken bei Bürosoftware unerwartet viele Denk- und Wissensfehler bei den Benutzern objektorientierter, graphischer Software. Sie kommen aber zu dem Schluß, daß dies eher auf die konkret untersuchte Software und deren ungenügende Umsetzung direkt manipulativer Prinzipien zurückzuführen ist.

Eingabe-mittel	visuelle Informations-rückmeldung	Effizienz	Funktions-umfang	Selbster-klärungs-fähigkeit	Fehlerwahrschein-lichkeit	
Zehner-block	über LEDs oder nicht vorhanden	●	●❶	●	funktional syntaktisch E/A	●❶❷❸ ●❶❷❸ ●❶❷
Funktions-tasten	über LEDs oder nicht vorhanden	●❶❷	●❶	●❶	funktional syntaktisch E/A	●❶❷ ●❶❷ ●❶❷
Funktions-tasten	über LCD, Alpha- oder Graphikbild-schirm	●❶❷❸	●❶❷	●❶❷❸	funktional syntaktisch E/A	●❶ ●❶ ●❶
Menü mit Auswahl-tasten	über Alpha- oder Graphik-bildschirm	●❶❷	●❶❷❸	●❶❷	funktional syntaktisch E/A	● ● ●
Zeigegerät + F-Tasten	über Graphik-bildschirm	●❶❷	●❶❷❸	●❶❷❸	funktional syntaktisch E/A	● ● ●

Abbildung 4: Bewertung von Benutzungsschnittstellen in Bezug auf ihre Eignung für den Bereich der Unterhaltungselektronik (●=sehr gering; ●❶=gering; ●❶❷=groß; ●❶❷❸=sehr groß).

3.4. Einfluß von Aufgaben- und Benutzercharakteristika auf die Systemgestaltung

Im Vordergrund einer benutzergerechten Gestaltung von Geräten aus der Unterhaltungselektronik steht das Ziel einer größtmöglichen Anpassung der Benutzungsschnittstelle und der Leistungsmerkmale eines Produkts an die Handlungsziele und Fertigkeiten der Benutzer. Dies setzt eine genaue Analyse und Erhebung relevanter Aufgaben- und Benutzercharakteristika voraus. Nach Booth (1990) ergeben sich aus der Konstruktion von Aufgaben- und Benutzermodellen hierfür eine Reihe von Vorteilen:

* Aufgaben- und Benutzermodelle geben Hinweise auf eine geeignete Anpassung von Systemeigenschaften an die Bedürfnisse und Erwartungen der Benutzer,

- sie zeigen die Vielfalt und Variabilität von Benutzeranforderungen, die im Design berücksichtigt werden müssen,
- sie ermöglichen die Identifikation geeigneter Metaphern für die Benutzungs-schnittstelle,
- sie bieten Entscheidungsunterstützung bei der Auswahl verschiedener Designalternativen und machen Designentscheidungen transparenter.

Weiterhin unterstützen sie die Prädiktion von Benutzerverhalten und können somit zur vergleichenden Systemevaluation genutzt werden (Card et al., 1983; Fischer, 1986; Booth, 1990; Galer et al., 1991).

Zur Erstellung solcher Modelle wurden eine Reihe von Techniken unter arbeits-wissenschaftlichen (Volpert et al., 1983; Rudolph et al., 1987), kognitionspsycho-logischen (Card et al., 1983; Polson, 1987; Green et al., 1988) und software-technologischen Perspektiven (Chen, 1976; DeMarco, 1978) vorgeschlagen. Arbeitswissenschaftliche Methoden zielen auf ganzheitliche, vertikal ausgewoge-ne Tätigkeitsabläufe, gehen aber weit über die Bedienung einer Benutzungs-schnittstelle hinaus. Bei kognitionspsychologischen Methoden liegt der Analyse-schwerpunkt auf der Ein-/Ausgabeebene und einzelnen Tastensequenzen; die Ausgestaltung von Tätigkeitsabläufen wird nicht betrachtet. Software-technologi-sche Methoden wiederum reduzieren die Modellierung auf technische Aspekte wie Daten- und Kontrollflüsse, wodurch benutzerorientierte Fragestellungen vernach-lässigt werden.

3.4.1.   Aufgaben- und Benutzermodelle

Benutzermodelle als explizite Repräsentation von Benutzereigenschaften inner-halb eines Produkts versuchen der Tatsache gerecht zu werden, daß es verschie-dene Benutzertypen (z.B. Anfänger, Experten) gibt (Smith et al., 1983). Mentale Modelle beschreiben das Wissen, das ein Benutzer von seiner Aufgabe und der zur Verfügung stehenden Anwendung entwickelt, wobei noch zwischen deskripti-vem Wissen eines Benutzers über ein System, und dem prozeduralen Wissen über einzelne Bedienungssequenzen unterschieden wird (Young, 1981). Schließ-lich wird als "Benutzermodell" auch das vom Designer angestrebte Idealkonzept bezeichnet, das ein Benutzer nach langer Bedienungserfahrung erwerben kann. Es ist das Modell, das der Entwickler von einer Anwendung entwirft, implementiert und somit dem Benutzer präsentiert. Das konzeptuelle Modell nach Young (1981) umfaßt die unterstützten Aufgaben, bereitgestellten Objekte, Funktionen, verfüg-baren Operationen und Ein-/Ausgabemöglichkeiten einer speziellen Anwendung. Die folgende Abbildung faßt die Beschreibungen zusammen. Eine weitere Klassi-fikation mit 10 Modell-Kategorien findet sich bei Whitefield (1987).

Für die unterschiedlichen Aspekte der Aufgaben- und Benutzermodellierung konnte sich kein einheitlicher Sprachgebrauch durchsetzen. Sie können in einer Matrix aus dem Urheber eines Modell und dem Inhalt eines Modells beschrieben werden.

Modell des ... über ...	Benutzers	Designers	Systems
System	(1, 2b, 3a)	(2a)	
Benutzereigenschaften und -verhaltensweisen		(3b, 5)	(3c)
Aufgabe	(3d)	(4a)	(4b)

Referenz		Beschreibung	Stabilität	Auswirkung
1	Mental Model (Johnson-Laird, 1981; Norman, 1983)	Internes Modell des Benutzers über die Technik, ihre Komponenten, Wirkungsweise und Bedienungsmöglichkeiten	situativ, unvollständig, idiosynkratisch, ändert sich ständig	Grundlage zum Verständnis von Benutzerverhalten
2	Conceptual Model (Norman, Draper, 1986)	a) Internes Modell über das System aus Sicht des Designers b) siehe Mental Model	a) statisch b) siehe Mental Model	a) oft Ursache für technikorientiertes Design b) siehe Mental Model
3	User Model	a) Das Modell des Benutzers über das System b) Das Modell des Designers über den Benutzer c) Das implizit im System berücksichtigte Modell über den Benutzer d) Das Modell des Benutzers über die Aufgabe	a) siehe Mental Model b, c) implizit, ungenau d) idiosynkratisch	a) siehe Mental Model b, c) oft Ursache für Bedienungsprobleme d) schwer generalisierbar
4	Task Model	a) Das Modell des Designers von der Aufgabe b) Das implizit im System berücksichtigte Modell von der Aufgabe	a) häufig ungenau b) häufig ungenau	a, b) kann zu falscher Funktionalität führen
5	Programmable User Model (Thimbleby, 1986)	Programm, das das Verhalten eines Benutzers simuliert	statisch	soll Designer befähigen, Anforderungen von Benutzern wahrzunehmen

Abbildung 5: Kategorisierung und gängige Bezeichnungen für unterschiedliche Aspekte von Aufgaben- und Benutzermodellen.

Den Einfluß, den verschiedene Modelle auf die Gestaltung einer Benutzungsschnittstelle ausüben können, soll folgendes Beispiel verdeutlichen: Vielen Benutzern eines Videorekorders ist nicht bewußt, daß das Gerät einen eigenen

Empfänger benötigt um unabhängig vom Fernsehgerät arbeiten zu können. Im Modell der Benutzer über das System bilden Fernsehgerät und Videorekorder oft eine Einheit mit nur einem Empfangsteil. Aus diesem Grund übersehen viele Benutzer, daß bei beiden Geräten die Sendereinstellungen separat kontrolliert werden müssen. Bei der Konstruktion der Benutzungsschnittstelle muß nun entschieden werden, ob das implizite Modell des Systems an das Wissen des Benutzers angepaßt wird (Konzept mit nur einem Tuner) oder ob sich das Modell des Entwicklers (Konzept mit zwei Tunern) in der Benutzungsschnittstelle widerspiegeln soll. In diesem Fall muß dafür Sorge getragen werden, daß der Benutzer das Konzept auch ohne externe Hilfe verstehen kann. Ohne Modellierung des Benutzerwissens können solche Inkonsistenzen nur schwer entdeckt und rechtzeitig in der Gestaltung berücksichtigt werden.

3.4.2.   Modellierungstechniken

Für die benutzergerechte Gestaltung der in dieser Arbeit betrachteten Produktgruppe erscheinen kognitionspsychologische Modellierungstechniken interessant. Da hier in der Regel wenig komplexe Tätigkeiten anfallen, bestimmt vor allem der Grad der Anpassung konkreter Eingabesequenzen an die kognitive Handlungsplanung (S–B Passung; Frese & Brodbeck, 1989) die Qualität solcher Benutzungsschnittstellen. Diesem Aspekt werden Aufgabenbeschreibungen nach dem GOMS-Schema (Card et al., 1983) besonders gerecht. Sie orientieren sich nicht nur an der kognitiven Zerlegung von Handlungsplänen nach Zielen, Teilzielen und Einzeloperationen, sondern gehen auch von Mensch-Rechner-Interaktionen aus, bei denen Fertigkeiten nicht erst erworben werden müssen und Lernvorgänge oder Fehlerkorrekturen daher vernachlässigt werden können. (Walk-Up-And-Use-Schnittstellen; Lewis, 1990). Diese Voraussetzungen sind gerade im Bereich der Unterhaltungselektronik gegeben, da der Benutzer bereits bei der ersten Bedienung weitgehend mit einem Produkt zurechtkommen sollte. Die GOMS-Technik bietet darüber hinaus ein Verfahren, mit dem sich bei vertretbarem Aufwand gute Näherungsmodelle zur Beschreibung Mensch-Geräte-Interaktionen erstellen lassen. Für komplexere Anwendungsbereiche gibt es Ansätze, die GOMS-Modellierung durch Computerunterstützung zu vereinfachen (Strothotte et al., 1991).

Die praktische Relevanz kognitiver Modellierungstechniken für die Gestaltung von Mensch-Geräte-Schnittstellen ist noch umstritten (Carroll & Campbell, 1986; Greif & Gediga, 1987; Whiteside, et al., 1988), da die Konstruktion solcher Modelle oftmals ebensoviel Aufwand erfordert wie die Entwicklung der Mensch-Geräte-Schnittstelle selbst. Beispielhaft können hier die Task-Action-Grammar (Payne & Green, 1986) und die Cognitive Complexity Theory (Kieras & Polson, 1985, Vossen et al., 1987) aufgeführt werden.

Strohm (1991) untersuchte den Methodeneinsatz bei der Software-Entwicklung in mehr als 100 Firmen und fand heraus, daß nur wenig Techniken zur Aufgabenanalyse systematisch eingesetzt werden. Formale, systemorientierte Ansätze werden bei 61% der untersuchten Unternehmen eingesetzt. Aufgaben- und benutzernahe Methoden wie Interviewtechniken, Beobachtungen, Arbeits- und Aufgabenbeschreibungen u.ä. finden kaum Verwendung (19%).

Zur Beschreibung kognitiver Abläufe bei der Handlungsplanung und -durchführung wurden einflußreiche Arbeiten von Miller et al. (1973) über das TOTE-Modell (Test - Operate - Test - Exit) und von Norman (1986) über die Handlungs- und Evaluationskluft (gulf of execution and gulf of evaluation) vorgelegt.

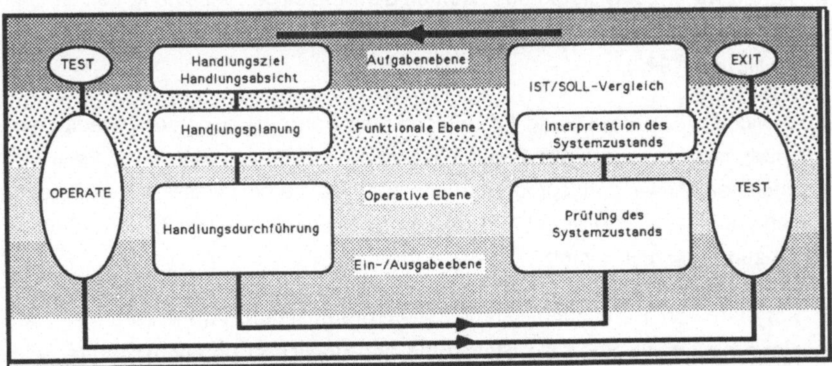

Abbildung 6:   Genereller Handlungszyklus des TOTE-Modells (Miller et al., 1973) in Bezug zum Handlungskonzept für die Mensch-Geräte-Interaktion von Norman (1986) und zum VDI-Modell (1990).

Arbeiten aus arbeits- und organisationspsychologischer sowie arbeitswissenschaftlicher Perspektive (Hacker, 1987; Frese & Brodbeck; Ulich, 1989), die die Aspekte der Arbeitsgestaltung und die Strukturierung von Handlungs- und Entscheidungsspielräumen bei der Ausübung computerunterstützter Tätigkeiten untersuchen, gehen zwar weit über den anthropozentrischen Gestaltungsrahmen bei Endverbraucherprodukten hinaus, die Erkenntnisse über die Regulationsebenen eines Handlungsprozesses sind aber übertragbar. Auch die aus dem Konzept der differentiellen und dynamischen Arbeitsgestaltung (Ulich, 1983) abgeleitete Forderung nach individualisierter Gestaltung von Software läßt sich auf den Heimbereich übertragen. Ackermann & Ulich (1987) zeigten, daß die individuelle Effektivität wächst, wenn die Benutzer eigene Anpassungen vornehmen können, auch wenn diese Anpassungen objektiv gesehen bei anderen Benutzern leistungsmindernd wirken können.

## 3.5.	Hilfsmittel zur Konstruktion von Benutzungsschnittstellen

### 3.5.1.	Iteratives Prototyping

Der Entwicklungsprozeß von Benutzungsschnittstellen läßt sich auf einem Kontinuum zwischen einem "systemzentrierten" und einem "benutzerzentrierten" Pol einordnen (Damodaran, 1983), wobei das Ziel ergonomischer Oberflächen eine größere Tendenz hin zur Benutzerzentrierung erfordert (Norman & Draper, 1986; Ulich, 1986). Ein Mittel zur verstärkten Integration von Benutzern in den Spezifikations- und Entwurfsprozeß stellt das iterative Prototyping dar (Kreplin, 1985; Fischer, 1986). Es ermöglicht eine rasche Realisierung und Modifikation von Designentwürfen und unterstützt dadurch die frühzeitige Einbindung von Endbenutzern in den Gestaltungsprozeß (Peschke, 1986; Russel, 1986; Weisbecker, 1990; Houde, 1992).

Eine wichtige Voraussetzung für erfolgreiches Prototyping ist der Paradigmenwechsel, der von einer vollständigen Trennung von Benutzungsschnittstelle und eigentlichem Anwendungsprogramm ausgeht, wie sie beispielsweise im Schnittstellenmodell von McMillan (1992) oder im Seeheim-Modell (Pfaff, 1985; Ziegler, 1989) zum Ausdruck kommt.

Prototypen von Benutzungsschnittstellen ermöglichen Verbesserungen des Designs einerseits durch die Steigerung der möglichen Iterationsschritte beim Testen und Modifizieren von Software (Bury, 1984; Gould & Lewis, 1985; Gould et al., 1987), andererseits besitzen Prototypen eine Aussagekraft, die die Kommunikation zwischen Endbenutzern und Entwicklern wesentlich erleichtert. Gerade die Benutzer von Audio/Video-Systemen, die oftmals keine Erfahrungen oder Kenntnisse der Computertechnik besitzen, sind im allgemeinen nicht in der Lage Gestaltungsanforderungen mit Hilfe formaler Dialogbeschreibungen angemessen zu artikulieren oder zu überprüfen.

Weiterhin fördert die konzeptionelle Trennung von Benutzungsschnittstelle und Anwendung kostengünstigere und effizientere Entwicklungsprozeduren (Kreplin, 1985; Balzert, 1987; Hewett, 1988). Strohm (1991) stellt in einer Untersuchung Software-Entwicklungen mit Benutzerbeteiligung und Prototyping eher traditionellen Entwicklungen gegenüber und weist 13% Kostenüberschreitungen gegenüber 60%, 10% Wartungsaufwand gegenüber 28% und eine einmonatige Terminüberschreitung gegenüber 10 Monaten als Vorteile des ersten Ansatzes nach.

Prototypingansätze eignen sich besonders für stark dialogorientierte Anwendungen, während rechenintensive Anwendungen mit geringer Mensch-Geräte-Interaktion weniger vom Prototyping profitieren. Die praktische Umsetzbarkeit des Prototyping-Ansatzes ist vor allem durch User Interface Management Tools möglich geworden, die es erlauben, die Mensch-Geräte-Schnittstelle auch technisch von der eigentlichen Anwendungsentwicklung zu entkoppeln und Modifikationen mit geringerem Aufwand durchzuführen (Heeg, 1987, Fähnrich & Görner, 1989).

Prototyp-Klasse	Charakteristika	Nutzungspotential
Quick-&-Dirty-Prototyp	Simulation mit geringem Implementierungsaufwand nicht zwangsläufig auf Zielplattform keine Anbindung an Anwendungssoftware keine Berücksichtigung software-technischer Anforderungen (Performanz, Datensicherheit, etc.)	frühzeitiges Testen von Designideen
Evolutionärer Prototyp	Teilbereiche der Benutzungsschnittstelle realisiert sorgfältige Implementierung weiterverwendbarer Module auf der Zielplattform	realistische Präsentation von Einzelaspekten mit Anbindung an Anwendungssoftware und Daten
Horizontaler Prototyp	weitgehende, z.T. nur angedeutete Realisierung einer breiten Funktionalität	Demonstration und Überprüfung des Aufgabenmodells oder des gesamten Designkonzepts
Vertikaler Prototyp	detaillierte Implementierung weniger Teilbereiche	genaue Überprüfung und Verfeinerung wichtiger Einzelaspekte

Abbildung 7:   Charakteristika unterschiedlicher Prototyp-Klassen.

Je nach Gestaltungsschwerpunkt lassen sich unterschiedliche Klassen von Prototypen identifizieren. Ihre Dialogeigenschaften können aus Übergängen zwischen unzusammenhängenden Einzelbildern bestehen oder bis zu Dialogabläufen mit simulierten Datenzugriffen reichen. Dabei werden software-technologische Aspekte wie gute Performanz, geringer Speicherbedarf und Fehlerfreiheit zunächst zugunsten software-ergonomischer Gestaltungsziele vernachlässigt (Quick-&-Dirty-Prototyping). Gerade im Bereich der Unterhaltungselektronik ist es sehr zweckmäßig, Benutzungsschnittstellen durch Rechnersimulationen zu untersuchen, bevor aufwendige Implementierungsarbeiten an den Geräten selbst durchgeführt werden. Durch die Verbesserung der Software-Werkzeuge ist zu erwarten, daß Quick-&-Dirty-Prototyping allmählich durch evolutionäres Prototyping abgelöst und der Entwicklungsprozeß beschleunigt werden kann. Prototypen unterscheiden sich weiterhin in der Breite oder Tiefe ihres Umfanges. Entweder werden wenige Funktionen weitgehend vollständig oder ein Großteil der gesamten Funktionalität zunächst nur ansatzweise realisiert (Kreplin, 1985).

Die Vorteile des iterativen Prototyping gegenüber herkömmlichen Entwicklungs-verfahren lassen sich wie folgt zusammenfassen:
- Verbesserung bzw. Ermöglichung einer verständlichen Kommunikation zwischen Entwickler und Endbenutzer,
- regelmäßige Überprüfung des Designs durch Endbenutzer,
- Steuerung der Produktentwicklung aufgrund konkreter Erfahrungen und frühzeitigen Feedbacks,
- frühe Identifikation von Fehlentwicklungen,
- Vermeidung verspäteter Änderungskosten,
- kürzere, aber häufigere Entwicklungszyklen,
- verbesserte Akzeptanz durch Benutzereinbindung.

3.5.2. Dialogbeschreibungstechniken

Prototypen sind als Repräsentation der Benutzungsschnittstelle bereits auf bestimmte Technologien abgestimmt. Im Software-Engineering wird aber zu Recht gefordert, daß Software zunächst so zu entwerfen ist, daß ihre Logik und interne Struktur noch frei und unbeeinflußt von technischen Restriktionen diskutiert und bewertet werden kann (DeMarco, 1978; McMenamin & Palmer, 1988). Eine Anwendung kann beispielsweise aus der Perspektive von Datenflüssen betrachtet werden, die sich auf ein bestimmtes Ereignis hin ergeben. Eine weitere Perspektive ist die Sicht auf Datenobjekte (entities) und ihre logischen Zusammenhänge bzw. die möglichen Übergänge (Chen, 1976). Beide Techniken, Datenflußdiagramme (DFDs) und Entity-Relationship-Diagramme (ERMs), finden in der Strukturierten Analyse (DeMarco, 1978) Verwendung. Zur Vervollständigung der damit nicht spezifizierbaren Informationen sind ein Data-Dictionary und Mini-Spezifikationen erforderlich. Die Strukturierte Analyse wurde wie SADT (erläutert z.B. in Kimm et al., 1979) oder beispielsweise SSADM (Longworth et al., 1988) für die frühen Phasen der Spezifikation komplexer Anwendungssysteme konzipiert, die große Mengen von Daten verarbeitet müssen. Der Trend zu objektorientierter Programmentwicklung hat auch hier zu entsprechenden Methodenerweiterungen geführt (Bailin, 1989; Ortner & Söllner, 1989). Eine Übertragung auf die Spezifikation von Mensch-Geräte-Schnittstellen im Audio/Video-Bereich ist aufgrund der Zielsetzung dieser Beschreibungsmethoden nur wenig geeignet.

Die Untersuchung von Übergängen zwischen verschiedenen Systemzuständen mit Hilfe von State-Transition-Diagrammen ergibt eine weitere Darstellungsperspektive (Dehnert, 1977). Dabei liegt die Betonung auf einzelnen Ereignissen und den ausgelösten Zustandswechseln, wobei ein System immer nur genau einen Zustand einnehmen kann. Diese Technik findet insbesondere bei der Spezifikation von Dialogabläufen in stark sequentialisierten, transaktionsorientierten Systemen mit einer überschaubaren Zahl verschiedener Systemzustände (meistens gleichbedeutend mit der Darstellung je einer Bildschirmmaske) Verwendung. Für ein integriertes Audio/Video-System, bei dem verschiedene Komponenten unabhängig voneinander gleichzeitig in andere Zustände wechseln können, ist diese Technik nicht ausreichend.

Petri-Netz-Techniken können nach Oberquelle (1987) sowohl zur Beschreibung übergeordneter Arbeitsabläufe als auch zur Spezifikation von Dialogabläufen eingesetzt werden. Auch Verfeinerungen für die Beschreibung graphisch-interaktiver Systeme wurden vorgestellt (Bastide & Palanque, 1990; Roudaud et al., 1990). Praxiserfahrungen zeigten jedoch, daß deren Darstellungselemente noch zu beschränkt sind und viele Dialogsituationen nicht angemessen beschrieben werden können.

Zusammenfassend kann gesagt werden, daß zur Dialogdokumentation von graphisch-interaktiven Audio/Video-Systemen bisher noch keine Beschreibungstechnik eingesetzt wurde. Eine verfeinerte Petri-Netz-Technik mit der Möglichkeit parallele Dialoge darzustellen erscheint jedoch am zweckmäßigsten.

3.5.3.   Unterstützungswerkzeuge

Für eine ökonomische und rationelle Durchführung des Entwicklungsprozesses ist die Nutzung von Software-Werkzeugen bei der Konstruktion von Benutzungsschnittstellen eine unabdingbare Voraussetzung. Durch Werkzeuge, die bereits auf entsprechende Standards abgestimmt sind, entfallen zum Beispiel aufwendige Konsistenzprüfungen. Solche Werkzeuge befreien den Entwickler auch von Routinearbeiten, wie zum Beispiel der Anbindung einer Benutzungsschnittstelle an ein Fenstersystem. Sie ermöglichen darüberhinaus auch Nicht-Programmierern relativ schnell Prototypen von Benutzungsschnittstellen zu implementieren.

Die Auswahl der Software-Werkzeuge wird vor allem davon bestimmt, welche Klassen von Prototypen zum Einsatz kommen sollen. Manche Werkzeuge sind für schnelles Prototyping äußerst effizient und flexibel, einige unterstützen von vornherein gewisse technische und konzeptionelle Standardisierungen und die Portierbarkeit auf unterschiedliche Hardware-Plattformen, während andere Werkzeuge noch auf hochspezialisierte Entwicklungs- und Anwendungsumgebungen festgelegt sind, dort aber viele Gestaltungsfreiräume bieten (Hoppe,1988).

Für die prototypische Entwicklung graphisch-interaktiver Benutzungsschnittstellen für Audio/Video-Systeme kommen aufgrund der im folgenden dargelegten Eigenschaften vor allem Dialogmanager und Hypermedia-Tools in Betracht. Diese Einschätzung bestätigt sich auch in einer Marktuntersuchung über Entwicklungswerkzeuge für graphische Benutzungsschnittstellen (Fähnrich et al., 1992).

	Dialogmanager	Hypermedia-Tools
Eigenschaften	Bereitstellung gängiger Dialogobjekte Definition dynamischer Abläufe automatische Kommunikation mit unterschiedlichen Fenstersystemen Kontrolle der Interaktion zwischen Anwendung und Benutzungsschnittstelle Erzeugen neuer Objekte während der Laufzeit möglich	direkt-manipulative Bearbeitung gängiger Dialogobjekte und einfacher dynamischer Verknüpfungen Spezialisierung auf multimediale Anwendungen (Audio/Video-Treiber z.T. bereits integriert)
Einlernzeit	gering für Objektspezifikation für Dialogabläufe ist Erlernen einer Regelsprache und Einbindung externer Routinen erforderlich	gering, von Nicht-Programmierern einsetzbar auch für einfache Dialogabläufe komplexe Steuerung über externe Routinen
Wiederverwendbarkeit	hoch für Quick-&-Dirty-Prototypen des gleichen Anwendungsbereichs externe Routinen z.T. für evolutionäres Prototyping nutzbar	hoch für Quick-&-Dirty-Prototypen des gleichen Anwendungsbereichs gering für evolutionäres Prototyping
Beispiele	für MS-DOS™/MS-Windows™: ISA-Dialogmanager™, User Interface Prototyping Tool (UIP™), RaproT™ für SUN/OS™: ISA-Dialogmanager™, Spirits™	für MS-DOS™/MS-Windows™: HyperPad™, Toolbook™ für Apple Finder™: HyperCard™, SuperCard™

Abbildung 8:　Übersicht über die wesentlichen Charakteristika von Werkzeugtypen zur Gestaltung von Benutzungsschnittstellen im Audio/Video-Bereich.

Die Werkzeuge unterstützen den Entwicklungsprozeß in verschiedener Hinsicht:

- es können verschiedene Benutzungsschnittstellen für das technisch gleiche Audio/Video-System entwickelt werden,
- für viele Komponenten späterer Prototypen muß "das Rad nicht neu erfunden werden", da bereits erprobte Module genutzt werden können,

- weitere Spezialisten wie z. B. kognitive Psychologen, Designer etc. können zusätzlich zu den Programmierern leichter einbezogen werden,
- Abhängigkeiten von bestimmten Hardware-Umgebungen werden geringer, da die Benutzungsschnittstelle getrennt lokalisiert und leichter anpaßbar ist,
- zukünftig könnten solche Werkzeuge implizit ergonomische Richtlinien berücksichtigen und explizite Bewertungshilfen und Auswertungen liefern.

3.5.4.   Industrie-Standards und Styleguides

Die Bedienbarkeit und Erlernbarkeit von Benutzungsschnittstellen (nicht nur im Audio/Video-Bereich) hängt in einem sehr hohen Maße vom Wissenstransfer des Benutzers bei der Bedienung verschiedener Produkte ab. Der Wissenstransfer zwischen Produkten wächst unabhängig von ihrer ergonomischen Qualität mit der Uniformität und Konsistenz ihrer Benutzungsschnittstellen.

Standards und Styleguides grenzen die Freiheitsgrade im Design zugunsten einheitlicher Benutzungsschnittstellen ein. Zu den wichtigsten proprietären Werken zählen:
- CUA (Common User Access, Szydlik, 1987; IBM, 1989a,b, 1991a,b),
- OSF-Motif (Open Software Foundation, 1989),
- OpenLook (SUN, 1989),
- MS-Windows (Microsoft, 1991),
- Macintosh-Benutzungsschnittstelle (Apple, 1987, 1990).

Sie regeln im wesentlichen das einheitliche Aussehen und Verhalten einzelner Dialogbausteine (z.B. Pushbuttons, Menüanzeigen, Dialogboxen). Bisher decken sie den Bürobereich ab, sind aber stetigen Erweiterungen und Verbesserungen unterworfen. Erste Weiterentwicklungen z.B. in Richtung multimedialer Anwendungen lassen sich beobachten. Für den Audio/Video-Bereich gibt es noch keine eigenständigen Standards oder Styleguides.

Die genannten Industriestandards sind an ein entsprechendes Betriebssystem gekoppelt. Passende Software-Werkzeuge, mit denen Benutzungsschnittstellen in der jeweiligen Systemumgebung realisiert werden können, sind verfügbar oder in Entwicklung. Gestaltungsprinzipien und -regeln, die über die Beschreibung von Aussehen und Verhalten einzelner Elemente hinausgehen und eine sinnvolle und einheitliche Nutzung der Interaktionsobjekte unterstützen, werden dort in unterschiedlicher Qualität berücksichtigt.

Deshalb müssen wissenschaftliche Arbeiten ergänzend hinzugezogen werden. Neue Richtlinien- und Regelzusammenstellungen erscheinen nahezu jährlich (Bailey, 1982; Spinas et al., 1983; Galitz, 1985; Altey et al., 1986; Smith & Mosier,

1986; Gardiner & Christie, 1987; Shneiderman, 1987; Brown, 1988; Lang, 1988; Hoffmann, 1989; SNI, 1990, 1992; Heinecke, 1992). Sie sind, abhängig von der jeweiligen Forschungszielrichtung, nach unterschiedlichen Kriterien und auf unterschiedlichen Abstraktionsniveaus zusammengestellt. Die Gesamtheit des verfügbaren Gestaltungswissens bleibt dadurch sehr unübersichtlich. Durch unterschiedlich abstrakte Formulierungen ist es z.B. sehr schwierig Überschneidungen herauszufiltern (Moore & Dartnall, 1982) und ein definitives Set von Regeln zusammenzustellen.

Für den Produktbereich der Unterhaltungselektronik ist noch zu prüfen, inwieweit sich die Inhalte der verfügbaren Standards und Styleguides übertragen lassen. Grundlegende Interaktionsmöglichkeiten und das Verhalten einiger Bildschirmkomponenten (das "Feel") lassen sich leichter übertragen als deren konkretes Erscheinungsbild. Aus Akzeptanzgründen scheint es für den angestrebten Benutzerkreis eher wichtig, ein computerähnliches Aussehen der Benutzungsschnittstelle zu vermeiden und dadurch Berührungsängste zu reduzieren. Andererseits wird gerade in diesem Bereich die Benutzungsschnittstelle zum wesentlichen Differenzierungsmerkmal gegenüber Konkurrenzprodukten, was einer raschen Vereinheitlichung des Designs entgegensteht. Durch starken Druck der Anwender, Geräte verschiedener Hersteller miteinander kombinieren und einheitlich nutzen zu können, werden aber auch in der Unterhaltungselektronik, ähnlich wie in der Computerindustrie, proprietäre Alleingänge immer weniger durchsetzbar.

3.5.5.   Internationale Normen

Normen und Gestaltungsprinzipien unabhängiger Standardisierungsgremien haben ebenfalls zum Ziel, Hinweise auf ergonomische und benutzergerechte Verknüpfungen von Dialogbausteinen zu geben. Zu den aktuell relevanten Arbeiten auf diesem Gebiet gehören die DIN 66234, die VDI 5005 und ISO 9241. Während die DIN- und VDI-Richtlinie ergonomische Gestaltungsprinzipien wie z.B. Aufgabenangemessenheit, Selbsterklärungsfähigkeit, Fehlertoleranz behandeln, gliedert sich die ISO-Norm 9241 gegenwärtig in 17 Einzelstandards, von denen die Teile 1-9 auf Hardware-Anforderungen eingehen, der Teil 10 Dialogprinzipien aus der DIN 66234 modifiziert, der Teil 11 allgemeine Beurteilungskriterien für Bedienbarkeit (usability) erläutert, die Teile 12 und 13 Informationsgestaltung und Benutzerführung und die Teile 14-17 einzelne Interaktionstechniken behandeln.

Es gibt gegenwärtig mehrere Ansätze, Normen und Richtlinien in den Designprozeß zu integrieren:

* Integration als Designkomponente, d.h. hier wird nach direkten Umsetzungsalgorithmen gesucht (IATb, 1991, Gorny et al., 1993),

- Bereitstellung von Richtlinien auf Hypertext-Medien, d.h. hier werden Entwicklern beim Design alternative und flexible Zugangsweisen zu relevanten Richtlinien ermöglicht (Marmolin, 1990; Görner et al., 1991),
- Integration als Evaluationskomponente, d.h. hier wird mit individuell zugeschnittenen, elektronischen Checklisten geprüft , ob zutreffende Richtlinien korrekt umgesetzt wurden (Murchner et al., 1987; Oppermann, 1988; Taylor et al., 1989; Oppermann & Reiterer, 1992).

Ähnliche Instrumentarien sind im Bereich der Unterhaltungselektronik allein aufgrund der fehlenden Richtlinien noch nicht in Sicht.

3.6. Messung und Bewertung der Mensch-Geräte-Interaktion

Die Vorzüge von iterativem Design und wiederholten Evaluationsschritten werden in der Literatur vielfach bestätigt (Smith et al., 1983; Williams, G., 1983; Butler, 1985; Gould, 1987; Marshall et al., 1990; Dzida, 1991). Andererseits zeigt eine Untersuchung von Molich & Nielsen (1990), bei der durchschnittlich nur 37% der Schwachstellen einer einfachen Mensch-Geräte-Schnittstelle identifiziert wurden, wie schwierig software-ergonomische Evaluation bereits bei kleinen, überschaubaren Anwendungsprogrammen ist und unterstreicht die Notwendigkeit systematischer und methodisch fundierter Evaluationsmaßnahmen, die durch systematisches Sammeln, Auswerten und Interpretieren von Daten eine reliable und valide Bewertung von Benutzungsschnittstellen ermöglichen.

Für die Evaluation lassen sich drei wesentliche Zielsetzungen unterscheiden, die die Wahl der Methoden deutlich beeinflussen:
- je nach Ausprägung der Prototypen können nach und nach hinzukommende horizontale oder vertikale Erweiterungen evaluiert und die Ergebnisse schrittweise in das weitere Design eingebunden werden (z.B. Bury, 1984),
- bei bereits fertiggestellten Produkten zielt die Evaluation nicht primär auf eine Verbesserung des Designs, sondern dient als Qualitätsnachweis eher der weiteren Vermarktung eines Produkts, seiner Abgrenzung zu Konkurrenzprodukten oder dem Nachweis erreichter Designziele gegenüber einem Auftraggeber (z.B. Capital, 1990),
- mit zunehmender Etablierung internationaler Standards dient die Evaluation auch dem Nachweis auf Konformität zu bestehenden Regelwerken und beispielsweise zur Erlangung eines Gütesiegels (z.B. Lindermeier et al., 1988).

3.6.1. Gestaltungs- und Evaluationskriterien

Die Bedienbarkeit von Audio/Video-Geräten hängt zum Teil von anderen Faktoren ab als beispielsweise die Bedienbarkeit von Textverarbeitungssprogrammen. Während bei Audio/Video-Geräten Einlernzeiten nicht akzeptabel sind, werden im Bürobereich Schulungen zur Erreichung einer hohen Effizienz durchaus akzeptiert. Es gibt daher keinen einheitlichen Kriteriensatz für Design und Evaluation, der sich auf jeden Anwendungsbereich übertragen läßt. Außerdem werden Kriterien häufig so definiert, daß sie sich inhaltlich überschneiden und gar nicht unabhängig voneinander betrachtet werden können. Die Zahl der in Normungsarbeiten angeführten Kriterien (DIN 66234, VDI 5005, ISO 9241) schwankt zwischen drei und sieben. Kriteriensätze wurden aus arbeitspsychologischer Sicht auch von Ulich (1986) und Dunckel (1989) vorgelegt. Für den Bereich der Unterhaltungselektronik ist noch genau zu prüfen, welcher Kriteriensatz angemessen ist, oder ob neue Kriterien zur Beurteilung der Bedienbarkeit herangezogen werden müssen.

3.6.2. Evaluationsmethoden

Für die Beurteilung der Benutzungseigenschaften eines Software-Produkts steht ein breites Spektrum an Datenerhebungs- und Meßverfahren zur Verfügung. Die Art der Datengewinnung läßt sich auf einem Kontinuum zwischen objektiv und subjektiv abbilden. Sogenannte "Logfile-Erhebungen" sind im objektiven, Fragebogen und Interviews im subjektiven Bereich anzusiedeln. Dazwischen liegen die analytische Evaluation durch Experten und die empirische Evaluation. In der empirischen Evaluation werden Feld- oder Laboruntersuchungen mit Endbenutzern durchgeführt. Die anfallenden Meßdaten werden durch systematische Verhaltensbeobachtungen oder andere Protokollierungstechniken gesammelt und ausgewertet. Unter dem Aspekt der benutzerzentrierten Entwicklung von Benutzungsschnittstellen sind neben der analytischen Evaluation vor allem die systematische Verhaltensbeobachtung sowie Fragebogen- und Interviewtechniken im Rahmen empirischer Feld- oder Laboruntersuchungen interessant.

Die Auswahl und die Konstruktion geeigneter Untersuchungsdesigns für Feld- oder Laborstudien hängt von vielen Einzelfaktoren ab. Es können beispielsweise die Wechselwirkung zweier Komponenten (Zusammenhangshypothesen), Unterschiede zwischen Produkten oder Produktversionen (Unterschiedshypothesen) oder die Veränderung bestimmter Merkmale über die Zeit (Veränderungshypothesen) untersucht werden (Bortz, 1984). Das Design hängt auch davon ab, ob Benutzergruppen untersucht und verglichen werden oder ob systematische

Einzelfalluntersuchungen (Einzelfallhypothesen) durchgeführt werden (Stelzl, 1982, Bortz, 1984, Landauer, 1988, Brigham, 1989, Monk, 1991).

Zur Effizienz einzelner Untersuchungsmethoden liegen aufschlußreiche Arbeiten vor. Untersuchungen von Nielsen (1992) zeigten, daß bereits 3-5 unabhängige Evaluatoren im Rahmen analytischer Evaluationen bis zu 90% der Bedienungsprobleme aufdecken können. Wenn die Evaluatoren sowohl mit Software-Ergonomie als auch dem Anwendungsgebiet vertraut sind, liegt die erforderliche Anzahl von Evaluatoren niedriger. In Voruntersuchungen hatten Molich und Nielsen (Molich & Nielsen, 1990; Nielsen & Molich, 1990) nachgewiesen, daß analytische Evaluation nur zu befriedigenden Resultaten führen kann, wenn die Evaluatoren entsprechend geschult sind oder eine größere Zahl von Evaluatoren eingesetzt wird. Für die Methode spricht allerdings ihre kostengünstige Einsatzmöglichkeit und ihre Nützlichkeit bereits in frühen Entwicklungsphasen.

Karat et al. (1992) verglichen die Evaluation mittels Benutzerbeobachtung und -befragung mit analytischen Evaluationsverfahren und stellten fest, daß durch die Einbeziehung von Benutzern über viermal mehr Bedienungsprobleme identifiziert werden konnten. Für den Einsatz von Benutzertests spricht trotz des relativ höheren Untersuchungsaufwands vor allem die Tatsache, daß durch diese Methode viele Problembereiche identifiziert werden konnten, die durch analytische Evaluation nicht entdeckt worden waren. Dagegen wurden alle Problembereiche, die bei der analytischen Evaluation zutage kamen, auch in den Benutzertests erkannt.

Je nach Benutzerbeteiligung und Objektivität der Datenerhebung lassen sich die aufgeführten Verfahren einem Vier-Felder-Schema zuordnen (Görner & Ilg, 1993).

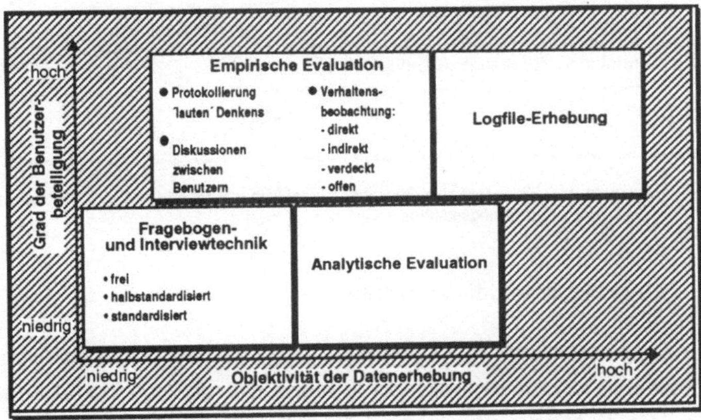

Abbildung 9: Übersicht über Datenerhebungsverfahren für die Evaluation von Mensch-Geräte-Schnittstellen.

4. Methodenkonzept zum Prototyping graphischer Mensch-Geräte-Schnittstellen in der Unterhaltungselektronik

Im folgenden wird eine Vorgehenssystematik für die Entwicklung von prototypischen Benutzungsschnittstellen in der Unterhaltungselektronik dargestellt, die anhand der Entwicklung eines prototypischen Audio/Video-Systems mit graphisch-interaktiver Bedienung für die Komponenten Fernseher (TV), Video-Cassetten-Rekorder (VCR), Compact Disc Abspielgerät (CD) und Digital-Verstärker (DV) exemplarisch umgesetzt wurde.

Zunächst werden Anforderungen an diese Systematik formuliert, die sich aus den Besonderheiten des Anwendungsbereichs und dem State of the Art ableiten lassen. Die Vorgehenssystematik selbst setzt sich aus analytischen, gestalterischen und evaluatorischen Komponenten zusammen. Die Beschreibung der einzelnen Arbeitsschritte impliziert nicht zwangsläufig eine vorgegebene zeitliche Abfolge; manche Arbeitsschritte können parallel oder in variabler Reihenfolge durchgeführt werden. Aufgrund des iterativen Ansatzes können Arbeitsschritte frühzeitig begonnen werden, auch wenn erst ein Teil der Vorarbeiten zur Verfügung steht. Jeder Arbeitsschritt beginnt aber spätestens, wenn alle als Eingangsdaten erforderlichen Informationen zur Verfügung stehen.

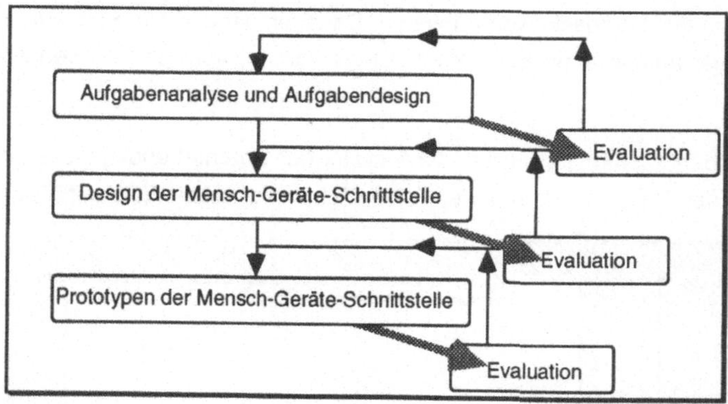

Abbildung 10: Methodenkonzept zum Prototyping graphischer Mensch-Geräte-Schnittstellen in der Unterhaltungselektronik.

4.1. Ziele des Methodenkonzepts

Benutzungsschnittstellen in der Unterhaltungselektronik grenzen sich von Benutzungsschnittstellen gängiger Anwendungssoftware durch folgende Merkmale ab:

- sie sind für die Nutzung durch eine äußerst heterogene Personengruppe (im wesentlichen private Haushalte) konzipiert,

- sie haben einen begrenzten, überschaubaren Funktionsumfang und Einsatzzweck,
- die Bedienung besteht vorwiegend in der Veränderung von Geräteparametern und dem Aktivieren weniger Geräteaktionen,
- die Interaktion mit den Geräten wird in der Regel vom Benutzer initiiert, jedoch muß die Benutzungsschnittstelle auch auf interne Ereignisse ansprechen (wie das Erreichen bestimmter Zeitabschnitte) und entsprechende Informationen an den Benutzer weitergeben,
- die Nutzung des Produkts besteht nicht in starren, sequentiellen Handlungsabfolgen, sondern ist sehr variabel und nicht vorhersehbar,
- die Benutzungsschnittstelle muß so ausgelegt sein, daß Handlungsziele auch parallel verfolgt werden können (z.B. am Videorekorder eine neue Sendung programmieren, während gerade eine Aufnahme läuft).

Charakteristisch ist im vorliegenden Anwendungsbeispiel auch, daß die Geräte nicht nur als Einzelkomponenten genutzt werden, sondern in ein Produktsystem eingebunden sein sollen, für das eine integrierte, einheitliche Benutzungsschnittstelle zur Verfügung steht.

Hieraus ergeben sich Anforderungen an das Methodenkonzept hinsichtlich Zielrichtung, technischer Randbedingungen und Handhabbarkeit.

Anforderungen an eine software-ergonomische Vorgehenssystematik in der Unterhaltungselektronik		
Fokus	**Technische Anforderungen**	**Handhabbarkeit**
✗ Benutzerorientierung	✗ formalisierte Beschreibungsmöglichkeiten	✗ ökonomischer Einsatz
✗ Bedienungsobjekte	✗ Toolunterstützung	✗ gute Erlernbarkeit
✗ Benutzerbeteiligung	✗ Nutzung von Standardkomponenten	✗ Nutzung durch verschiedene Berufsgruppen
	✗ Berücksichtigung von Normen und Richtlinien	✗ Änderbarkeit von Zwischenergebnissen
	✗ Ganzheitlichkeit und Durchgängigkeit	✗ Flexibilität von Entwicklungsverläufen

Abbildung 11: Anforderungen an ein software-ergonomisches Entwicklungsverfahren für Benutzungsschnittstellen in der Unterhaltungselektronik.

4.1.1. Fokus

Audio/Video-Geräte sollen von jedermann benutzt werden können. Das impliziert sowohl geringe wie hohe Benutzungsfrequenzen als auch Anwender mit geringem oder ausgeprägtem technischen Hintergrund. Oft ist von einer nur geringen Bereitschaft der Benutzer zum Studium von Bedienungsmanualen auszugehen.

Der vorherrschende Blickwinkel der Vorgehenssystematik muß somit auf der Perspektive des späteren Benutzers liegen, Erkenntnisse zur menschlichen Informationsverarbeitung und Lernprozessen berücksichtigen und auf ein hohes Potential an Selbsterklärungsfähigkeit der Benutzungsschnittstelle abzielen.

Ein integriertes Audio/Video-System basiert auf einem Bedienungskonzept, das für alle Komponenten (Tuner, Fernseher, Videorekorder, CD-Spieler, etc.) eine einzelne Bedienungseinheit vorsieht und somit die Bedienung stark vereinheitlicht. Gleiche Funktionalität soll bei allen Geräten auch gleich bedient werden (z.B. Suchfunktionen nach Titeln, Aufnahmen, Sendern; Programmierung von Timern). Für die Benutzungsschnittstelle bieten sich nun die Alternativen einer nach Funktionen oder nach Komponenten geordneten Struktur an. Aufgrund der in der Literatur mehrfach belegten Überlegenheit objektorientierter Benutzungsschnittstellen gegenüber herkömmlichen funktionsorientierten Benutzungsschnittstellen im Computerbereich (Smith et al. 1983, Altmann, 1987, Margono & Shneiderman, 1987, Shneiderman, 1983, Streitz et al., 1989, Rauterberg, 1992) soll die Gestaltungsperspektive auf für den Benutzer relevante Bedienungsobjekte anstelle von Funktionen oder Funktionsbereichen gerichtet sein.

Die Gliederung einer Benutzungsschnittstelle nach Objekten fördert darüberhinaus ihre Modularisierung und Veränderbarkeit. Benutzungsschnittstellen von graphisch-interaktiven Systemen sind regelmäßig aus vergleichbaren Komponenten aufgebaut, denen ganz konkrete "Verhaltensweisen" (sogenannte Methoden) zugeordnet werden können (z.B. Schieberegler für Lautstärke, Kontrast, etc., die immer auf die gleiche Weise eingestellt werden).

Da technikzentrierte Entwicklungskonzepte in der Vergangenheit eher selten benutzergerechte Mensch-Geräte-Schnittstellen hervorgebracht haben, soll die Vorgehenssystematik benutzerorientiertes Denken bei Entwicklern fördern, die Kommunikation mit Endbenutzern erleichtern und Benutzer in den Entwicklungsprozeß einbinden.

4.1.2. Technische Anforderungen

Für die Akzeptanz der Vorgehenssystematik in der Praxis ist es erforderlich Arbeitsschritte möglichst automatisieren zu können. Voraussetzungen hierfür sind zum Beispiel formalisierte Darstellungselemente, deren Komplexitätsgrad entsprechend niedrig ausfallen sollte. Möglichkeiten zur Automatisierung liegen auch in der Verfügbarkeit geeigneter Werkzeuge und in der Einbindung von Standardbausteinen für Benutzungsschnittstellen, die die Konsistenz zwischen Produkten erhöhen und den Entwicklungsaufwand reduzieren können.

Durch die Orientierung an bestehenden Normen und Richtlinien sollen die Gestaltungsergebnisse weiter vereinheitlicht und ein hohes Qualitätsniveau gewährleistet werden.

4.1.3.   Handhabbarkeit

Um einen ökonomischen Einsatz zu ermöglichen, sollen die einzelnen Komponenten der Vorgehenssystematik mit möglichst geringem Aufwand einsetzbar sein. Beispielsweise darf die Entwicklung von Zwischenprodukten (z.B. Modellierungen) nicht aufwendiger sein als die eigentliche Produktentwicklung.

Sie soll darüberhinaus von verschiedenen Berufsgruppen (Software-Ergonomen, Designern) genutzt werden können und daher wenig Programmierkenntnisse voraussetzen.

Die Vorgehensweise soll einen iterativen Entwicklungsprozeß fördern, bei dem Zwischenprodukte systematisch evaluiert und leicht modifiziert werden können. Diese Forderung setzt einen flexiblen Entwicklungsprozeß voraus, bei dem verschiedene, situationsspezifische Ein- und Ausgänge aus dem Entwicklungsprozeß möglich sind. Die Vorgehenssystematik darf daher nicht auf einer rigiden Handlungssequenz aufgebaut sein. Vielmehr sollen Kriterien zur Verfügung gestellt werden, die Entscheidungen über Fortsetzung, Abschluß oder Abbruch des Entwicklungsprozesses ermöglichen.

4.2.   Anforderungsanalyse und Aufgabendesign

Neuentwicklungen in einem weitgehend gesättigten Markt wie der Unterhaltungselektronik beruhen im wesentlichen auf zwei Ausgangssituationen:

a) Durch Grundlagenforschung werden neue Technologien und neue Bauteile hervorgebracht. Zum Beispiel ermöglichen leistungsfähigere Prozessoren bisher nicht realisierbare Interaktionstechniken über den TV-Bildschirm; Zeigeinstrumente für Mensch-Geräte-Interaktionen sind ebenfalls in Entwicklung. Damit können herkömmliche Bedienungskonzepte ebenso fundamental verändert werden, wie Smith et al. (1983) dies für den Bürobereich aufzeigten.

b) Durch geringe Akzeptanz bestehender Produkte wird Innovationsbedarf erzeugt. Zum Beispiel konnte sich bei Videorekordern bisher keine Technik zur Programmierung von zeitversetzten Aufnahmen wirklich durchsetzen.

Für die Anforderungsanalyse ergeben sich daraus verschiedene Ansatzpunkte. In der ersten Situation (a) ist zu untersuchen, welche Vorteile für den Anwender entstehen, oder ob bisherige Tätigkeiten ergonomischer unterstützt werden können.

In der zweiten Situation (b) sind bestehende Unzulänglichkeiten zu analysieren und neue benutzergerechtere Konzepte zu entwickeln. Weiterhin müssen in die Analyse technische Randbedingungen sowie Eigenschaften und Interessen der in Betracht gezogenen Zielgruppen einbezogen werden, und es ist festzulegen, welche Tätigkeiten mit dem neuen Produkt möglich sein sollen.

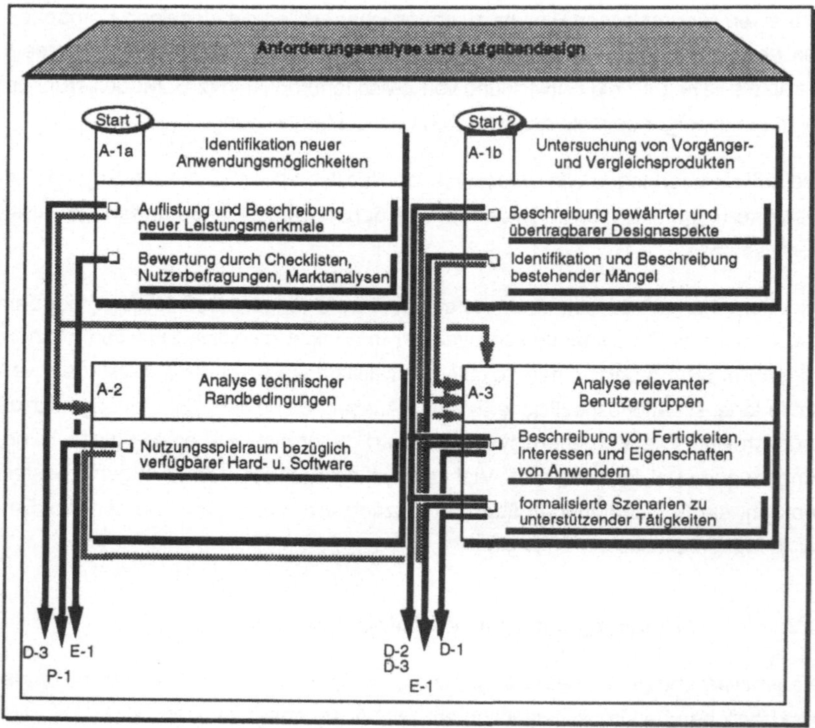

Abbildung 12: Arbeitsschritte, Zwischenergebnisse und Informationsfluß im Bereich "Anforderungsanalyse und Aufgabendesign". Die grauen Pfeile beschreiben den Informationsfluß zwischen einzelnen Arbeitsschritten im Methodenabschnitt A; die schwarzen Pfeile beschreiben den Input für die Methodenabschnitte "Design" (D) sowie "Prototyping" (P) und "Evaluation" (E).

4.2.1. Identifikation neuer Anwendungsmöglichkeiten (A-1a)

Um die Nutzungspotentiale neuer Technologien beurteilen zu können, ist ein Katalog ihrer Leistungsmerkmale zu erstellen und nach möglichen Vor- und Nachteilen für den Benutzer zu gewichten, wie beispielhaft in der folgenden Abbildung dargestellt.

Vor- und Nachteile neuer Produkte werden häufig auch über Marktanalysen (repräsentative Interviews und Benutzerbefragungen) identifiziert. Es kann durchaus angemessen sein, Endbenutzer in ihrer häuslichen Umgebung zu besuchen, um relevante Einflüsse, Anwendungsbedingungen und familiäre Randbedingungen (Einzelnutzer, mehrere Nutzer gleichzeitig, Nutzung in mehreren Räumen, u.ä.) zu identifizieren. Lokaltermine bei Endbenutzern werden in verschiedenen Forschungsarbeiten zum Standardrepertoire benutzerzentrierter Gestaltung gezählt (Gould, 1987; Erickson & Salomon, 1991).

Benutzerorientierte Bewertung neuer Leistungsmerkmale für Audio- und Video-Geräte	
Leistungsmerkmal: Programmierbarkeit des VCR für 365 Tage im voraus	**Gewichtung:** 0=unwichtig
Vorteile: • Benutzer stößt nicht an Leistungsgrenzen des Gerätes	**Nachteile:** • Benutzer kennt Sendezeiten höchstens 1-4 Wochen im voraus
Bewertung: ✔ Erweiterter Handlungsspielraum für den Benutzer	**Bewertung:** ➠ kein Einfluß auf Benutzerfreundlichkeit
Leistungsmerkmal: Bedienung verschiedener Geräte in einem Bedienungsinstrument	**Gewichtung:** 4=sehr wichtig
Vorteile: • Bedienung kann konsistenter gestaltet werden • Benutzer muß innerhalb einer Tätigkeit nicht mehr zwischen Bedienungsarten wechseln	**Nachteile:** • Komplexität des Bedienungsinstruments nimmt zu • Konflikte bei Mehrbenutzer-Bedienung möglich
Bewertung: ✔ Verbesserte Erlernbarkeit ✔ Verbesserte Effektivität	**Bewertung:** ✦ Einschränkung der Aufgabenangemessenheit und Handlungsflexibilität
Leistungsmerkmal: Zweitbild-Einblendung im Kleinformat	**Gewichtung:** 3=wichtig
Vorteile: • Kontrollierbarkeit des VCR über das Zweitbild • Visuelles Feedback über Anfang und Ende anderer Sendungen • Suche nach anderen Sendern wird komfortabler	**Nachteile:** • Komplexität des Bedienungsinstruments nimmt zu
Bewertung: ✔ Verbesserte Erlernbarkeit durch höhere Transparenz und Kontrollierbarkeit	**Bewertung:** ✦ Komplexität kann Lernvorteile wieder reduzieren

Abbildung 13: Checkliste zur Bewertung neuer Leistungsmerkmale und Produktkomponenten; fiktives Beispiel aus dem A/V-Bereich; Gewichtung: 0=unwichtig, keine Auswirkung auf Bedienungsfreundlichkeit, 4=sehr wichtig, sehr große Auswirkung auf Bedienungsfreundlichkeit; Bewertung: ✔=positiv, ✦=negativ, ➠=weder positiv noch negativ.

Ergebnisse des Arbeitsschrittes bestehen in einer benutzerorientierten Produktbewertung sowie einer fundierten Einschätzung, in welchem Umfang einzelne Leistungsmerkmale zur Erhöhung der Benutzerfreundlichkeit beitragen können. Die potentiellen Nachteile sollen im Design (D-3) kompensiert und bei der Festlegung der Gestaltungs- und Evaluationskriterien (E-1) berücksichtigt werden.

Die identifizierten Leistungsmerkmale sind häufig nur für einen Teil der Benutzer hilfreich. Zum Beispiel ist ein Jog-Shuttle zur Kontrolle von Bandgeschwindigkeiten für Benutzer nützlich, die sehr zeitgenaue Arbeiten wie Kopieren und Schneiden mit ihrem Videorekorder durchführen möchten. Potentielle Zielgruppen lassen sich bereits hier ansatzweise identifizieren und für die Analyse relevanter Benutzercharakteristika (A-3) festhalten. Umgekehrt können überflüssige Leistungsmerkmale aussortiert werden, falls die Zielgruppen aufgrund anderer Überlegungen bereits feststehen sollten. Die Leistungsmerkmale bestimmen zum Teil auch die Tätigkeiten, die mit dem neuen Produkt ausführbar sind. Mögliche Benutzungsszenarien (A-3) lassen sich daraus ableiten.

Die Leistungsmerkmale implizieren in der Regel bestimmte technische Voraussetzungen, die in einem weiteren Arbeitsschritt (A-2) abgestimmt werden müssen. Hier können Restriktionen auftauchen, die bestimmte Funktionalitäten zum gegenwärtigen Entwicklungszeitpunkt noch ausschließen.

4.2.2. Untersuchung von Vorgänger- und Vergleichsprodukten (A-1b)

Langfristiges Ziel der Vorgehenssystematik ist die Schaffung einer Wissensbasis für benutzergerechte Lösungen des Anwendungsbereichs, so daß bei Neuentwicklungen auf bewährte Komponenten zurückgegriffen werden kann. Um dieses Wissen aufzubauen ist es erforderlich, Benutzungsschnittstellen von Vorgängerund Konkurrenzprodukten systematisch nach Vor- und Nachteilen bei der Bedienung zu untersuchen. Als logische Strukturierungshilfe eignen sich dabei die Ebenen des VDI-Modells. Ursachen für Bedienungsprobleme können auf allen vier Ebenen der Benutzungsschnittstelle liegen. Sie können darin begründet sein, daß der Benutzer nicht versteht,

* wie bestimmte Eingaben zu machen oder Ausgaben zu interpretieren sind (Ein-/Ausgabeebene),
* wie eine bestimmte Funktion ausgelöst werden kann (syntaktische Ebene),
* was eine bestimmte Funktion bewirkt (semantische Ebene),
* wie bestimmte Ziele erreicht werden können (Aufgabenebene).

Aus der Analyse von Schwachstellen und ihrer Zuordnung zu den Ebenen des VDI-Modells lassen sich Hinweise auf Verbesserungsstrategien ableiten.

Marktuntersuchungen sind in diesem Zusammenhang ebenfalls möglich und können eine höhere Repräsentativität der Schwachstellenanalysen gewährleisten. Sie erfordern aber einen vergleichsweise hohen Aufwand an Zeit und Kosten. Hinzu kommt, daß bei der geringen Qualität heutiger Benutzungsschnittstellen in der Unterhaltungselektronik bereits durch stichprobenartige Analysen und systematische Explorationen von Software und Produkthandbüchern eine Fülle verbesserungswürdiger Produktkomponenten identifiziert werden können.

Exploration ist ein Verhaltensmuster, das Benutzer im Umgang mit elektronischen Produkten sehr häufig einsetzen, bevor andere Hilfen wie Handbücher, Hotlines oder Unterricht in Anspruch genommen werden (Carroll et al., 1985; Wendel & Frese, 1987). Eine systematische Nutzung dieser Handlungsstrategie bei der Analyse bestehender Produkte erlaubt Aussagen über die Selbsterklärungsfähigkeit der Mensch-Geräte-Schnittstellen und besitzt durch ihren zielorientierten Charakter (Wendel & Frese, 1987) eine hohe ökologische Validität bezüglich des Verhaltens späterer Benutzer.

In der kontrollierten explorativen Interaktion ist das zu bewertende Gerät von einem neutralen Evaluator ohne weitere Hilfestellung nach vorgegebenen Gesichtspunkten zu explorieren. Neutral heißt, daß der Evaluator nicht an der Entwicklung des Geräts beteiligt gewesen sein soll, um zu vermeiden, daß favorisierte Designkomponenten unbewußt akzeptiert werden. Folgende Fragestellungen leiten die Exploration:

a) Welche Effekte werden durch die Bedienung der einzelnen Bedienungselemente am Gerät ausgelöst?
b) Welche Bedienungselemente und Produktfunktionen sind ohne Nachschlagen im Handbuch vollständig zu verstehen und ausführbar? Bei welchen trifft dies nicht zu, und worin liegen die Ursachen?
c) Sind die Angaben im Handbuch verständlich und hilfreich, oder bleibt die Funktionalität selbst dann noch schwer verständlich?

Die Ergebnisse werden in einem Auswertungsbogen festgehalten, wiederum nach Problembereichen bezüglich der vier Ebenen des VDI-Modells klassifiziert und nach ihrer Bedeutung für die Bedienbarkeit gewichtet. Die Zuordnung eines Bedienungsproblems ist nicht immer eindeutig möglich und kann durchaus mehrere Ebenen gleichzeitig betreffen. Ein Beispiel zeigt die nächste Abbildung.

Die Untersuchung existierender Produkte liefert nicht nur eine Liste verbesserungswürdiger Schwachstellen, sondern auch die Beschreibung bewährter Bausteine der Mensch-Geräte-Schnittstelle. Die als positiv bewerteten und als leicht bedienbar erkannten Aspekte der Benutzungsschnittstelle sollten auf jeden Fall bei der Festlegung des Aufgabenspektrums für das Zielprodukt (A-3) und im Dialogdesign (D-2, D-3) berücksichtigt werden.

Kontrollierte explorative Interaktion und Exploration des Benutzermanuals eines gängigen Videorekorders	
Bedienungselement / Funktion: Taste mit Beschriftung "TV/VTR/MDP"	
Bewertung: Abkürzungen sind schwer verständlich	**Gewichtung:** 2 (nur z.T. verständlich) **Relevant für:** E/A-Ebene
Hinweise im Handbuch: TV=Fernsehermodus; VTR=Video Tape Recorder; MDP=Multiple Digital Programming	
Verbesserungsvorschlag: klarere Beschriftungen; eventuell getrennte Tasten; VTR zumindest durch VCR ersetzen	
Bedienungselement / Funktion: Zwei "Power"-Tasten (1 Taste grün umrahmt; 1 Taste in grüner Beschriftung)	
Bewertung: Unterschied zwischen den Tasten wird nicht deutlich	**Gewichtung:** 3 (nicht verständlich) **Relevant für:** E/A-Ebene, Semantische Ebene
Hinweise im Handbuch: Grün umrahmte Taste ist für TV; grün beschriftete für VCR	
Verbesserungsvorschlag: gleiche Bezeichnungen für verschiedene Funktionen vermeiden	
Bedienungselement / Funktion: Taste "Display"	
Bewertung: Es wird klar, daß eine Anzeige angeschaltet werden kann, aber nicht welche	**Gewichtung:** 1 (sollte deutlicher sein) **Relevant für:** E/A-Ebene
Hinweise im Handbuch: Es werden keine Statusanzeigen eingeblendet, sondern ein Auswahlmenü	
Verbesserungsvorschlag: Taste umbenennen, z.B. "Menü" oder "Übersicht"	

Abbildung 14: Auswertungsbogen für die "Kontrollierte explorative Interaktion"; Beispiel eines gängigen Videorekorders; die Gewichtung beschreibt den Änderungsbedarf bezüglich der Bedienungsfreundlichkeit des Produkts (1=sollte deutlicher sein; 2=nur z.T. verständlich; 3=nicht verständlich).

Aus identifizierten Mängeln lassen sich notwendige Bedienungseigenschaften des Zielprodukts (E-1) ableiten. Zum Beispiel kann festgelegt werden, welche Aspekte der Benutzungsschnittstelle von den Benutzern um wieviel Prozent besser bewältigt werden sollen. Die Frage nach betroffenen Benutzergruppen (A-3) läßt sich nach diesen Arbeitsschritten teilweise beantworten, indem beispielsweise analysiert wird, ob die identifizierten Bedienungsprobleme und angestrebten Bedienungseigenschaften auf alle Benutzergruppen in gleicher Weise zutreffen, oder welche Unterschiede zwischen verschiedenen Benutzergruppen zu erwarten sind.

4.2.3.   Analyse technischer Randbedingungen (A-2)

Die Unterhaltungselektronik ist eine Branche, in der jedes Produkt in sehr großen Mengen produziert wird. Fixkosten, wie die Konstruktion eines Prototyps, entstehen bei der Entwicklung nur wenige Male und fallen daher als begrenzende Größe kaum ins Gewicht. Variable Kosten, wie der Einbau bestimmter Tasten oder Bedienungselemente, die sich mit der produzierten Stückzahl multiplizieren, bestimmen dagegen in hohem Maße technische Randbedingungen und stehen software-ergonomischen Interessen nicht selten entgegen. Anstelle vollständig optimierter Mensch-Geräte-Schnittstellen müssen meist abgestufte Bedienungskonzepte für Niedrig-, Mittel- und Hochpreissegmente entworfen werden. Es muß analysiert werden, welche Techniken für die neue Mensch-Geräte-Schnittstelle genutzt werden können. Dies wird in den meisten Fällen durch Marketingentscheidungen und Budgetrestriktionen bestimmt .

Im einzelnen sind festzulegen: Art und maximale Anzahl der Eingabeelemente (zum Beispiel Tasten am Gerät, Tasten an der Fernbedienung), Ausgabeelemente (LEDs, Display am Gerät oder Fernbedienung, Größe des Displays, Anzahl darstellbarer Zeichen, Piktogramme und Softkeys), verfügbare Prozessorleistung und Speicherkapazität, Entwicklungsumgebung und nutzbare Softwaretechnologie. Stehen die Produkte nicht allein, sondern sind in eine Produktserie mit unterschiedlichem Leistungsspektrum eingebettet, muß auch spezifiziert werden, welche Anforderungen hinsichtlich Konsistenzen und Kompatibilität zwischen Benutzungsschnittstellen zu beachten sind.

Die Informationen dieses Arbeitsschrittes sind bei der Festlegung des endgültigen Aufgaben- und Funktionsspektrums des Zielprodukts (A-3) und bei der Entwicklung des Prototyping-Konzepts (P-1) zu berücksichtigen. Für die Beschreibung der Vorgaben eignet sich eine Checkliste wie im nachfolgenden Beispiel.

	Alternative 1 Low-End TV (technische Min- destausstattung)	Alternative 2 Midrange TV (teiloptimierte, tech- nische Ausführung)	Alternative 3 High-End TV (technische Maximalausstattung)
Eingabeelemente			
Art und maximale Anzahl der Tasten am Gerät	Kontrast, Helligkeit, Lautstärke, nächster/voriger Sender, Sendersuche u. -speicherung	Kontrast, Helligkeit, Lautstärke, nächster/voriger Sender, Sendersuche u. -speicherung	Kontrast, Helligkeit, Lautstärke, nächster/voriger Sender, Sendersuche u. -speicherung
Art und maximale Anzahl der Tasten auf der Fernbedienung	Kontrast, Helligkeit, Lautstärke, nächster/voriger Sender	Kontrast, Helligkeit, Lautstärke, nächster/voriger Sender, Mute, Programmwahltasten 1-39	Kontrast, Helligkeit, Lautstärke, nächster/voriger Sender, Mute, Programmwahltasten 1-39, Sendersuche u. -speicherung, BTX, BTX-Hold, BTX-Mix
Sonstige Eingabeinstrumente	-	-	kombinierte TV/VCR-Fernbedienung
Ausgabeelemente			
LEDs am Gerät (max. Anzahl)	-	-	-
Display am Gerät (Art und Größe)	Programmziffer zweistellig	Programmziffer zweistellig	dreistellig für Programmziffern- oder Kanalanzeige
Bildschirmanzeige am Gerät (Text, Piktogramme, Bild)	-	-	transparente Anzeige für Lautstärke, Kontrast, Helligkeit (Strichgraphik)
LEDs auf Fernbedienung (max. Anzahl)	-	-	-
Display auf Fernbedienung (Art und Größe)	-	-	-
sonstige Ausgabeelemente	Monolautsprecher	Monolautsprecher	Stereolautsprecher
Prozessor			
Leistungsvermögen	?	?	?
Speicher			
Kapazität	16k	16k	64k
Sonstige Vorgaben			
-	-	-	-

Abbildung 15: Checkliste zur Beschreibung technischer Randbedingungen und der Charakteristika unterschiedlicher Produkt-Klassen; fiktives Beispiel aus dem A/V-Bereich.

4.2.4. Analyse relevanter Benutzergruppen (A-3)

4.2.4.1. Analyse von Benutzertypen, -charakteristika und -interessen

Charakteristisch für die betrachtete Produktkategorie ist ihre Nutzung in privaten Haushalten. Somit kommen alle Bevölkerungsgruppen als potentielle Benutzer in Betracht. Weiterhin muß davon ausgegangen werden, daß bei vielen Benutzern keine oder nur geringe Erfahrungen im Umgang mit Computern vorliegen und somit ein Wissenstransfer für die Bedienung der Geräte nicht erwartet werden kann. Zwar gibt es in der Unterhaltungselektronik - anders als im Computerbereich - von jedem Produkttyp Geräte, die auf kleine Zielgruppen abgestimmt sind. Für den Einsatz in privaten Haushalten müssen aber alle Grundfunktionen eines Gerätes immer auch von anderen Benutzergruppen bedient werden können. Ziel dieses Arbeitsschrittes ist es, die Aufmerksamkeit der Entwickler auf die Bedürfnisse sämtlicher Benutzergruppen zu lenken und der häufigen Fehleinschätzung entgegenzuwirken, daß alle Benutzer gleich sind und ein Gerät so bedienen wie die Entwickler selbst es tun würden.

Benutzergruppen	Beschreibung
	Besondere Charakteristika: *Jede Benutzergruppe läßt sich hinsichtlich relevanter Charakteristika beschreiben. Dazu gehören: Kenntnisse, Fertigkeiten, Erfahrung, Ausbildung, Training, physische Merkmale (Alter, Geschlecht, körperliche Gebrechen).* **Aufgaben und Ziele, Anforderungen an die Mensch-Geräte-Schnittstelle:** *Jede Gruppe kann spezifische Ziele und Aufgaben haben, die mit dem Produkt erfüllt werden sollen. Diese müssen auf Anforderungen bezüglich der Mensch-Geräte-Schnittstelle untersucht werden.*
direkte Benutzer:	*Personen, die das Gerät im alltäglichen Betrieb selbst bedienen.*
mittelbare Benutzer:	*Personen, die von den Leistungsmerkmalen eines Produkts in gleichem Ausmaß profitieren wie direkte Benutzer, die Bedienung aber nicht selbst durchführen (z. B. wenn die ganze Familie einen Videorekorder nutzt, die Programmierung aber immer einem bestimmten Familienmitglied übertragen wird).*
Installations- u. Wartungspersonal:	*Benutzer, die nur gelegentlich mit dem Produkt in Berührung kommen und benutzerspezifische Anpassungen, Diagnosen und Wartungen durchführen.*
Käufer:	*Personen, deren Anforderungen an ein Produkt nicht immer mit den Interessen der direkten Benutzer übereinstimmen oder gelegentlich im Widerspruch stehen (z.B. günstiger Preis vs Bedienungsfreundlichkeit; Eltern, die sich einen Videorekorder kaufen, möchten verhindern, daß Kinder mit dem Gerät gewalttätige Filme aufnehmen und ansehen).*
Verkäufer:	*Personen, die ein einzelnes Gerät nur gelegentlich, aber dafür viele verschiedene Geräte zu Demonstrationszwecken bedienen. Hier kann zwar ein gewisses Training und technische Fertigkeit vorausgesetzt werden, dennoch haben Eigenschaften wie Selbsterklärungsfähigkeit und Konsistenz zwischen vergleichbaren Produkten deutlichen Einfluß auf Präsentationsqualität und letztlich den Verkaufserfolg.*

Abbildung 16: Checkliste zur Charakterisierung relevanter Benutzergruppen.

Zunächst müssen alle Personen und Personengruppen identifiziert werden, die direkt oder indirekt von der Nutzung des Produkts betroffen sind und eigene Interessen bezüglich seiner Verwendung haben. Falls neue Anwendungsmöglichkeiten der Ausgangspunkt für die Produktentwicklung sind, kann aus der Skizzierung der neuen Funktionalität (A-1a) abgeleitet werden, welche Benutzergruppen unter welchen Voraussetzungen davon profitieren können oder Nachteile in Kauf nehmen müssen. Aus der Mängelliste bestehender Produkte oder den Bewertungen von Vergleichsprodukten (A-1b) kann ebenfalls abgeleitet werden, welche Schwierigkeiten für welche Benutzer zu erwarten sind. Bei der Benutzeranalyse kann das Schema der vorausgehenden Abbildung zugrundegelegt werden.

Ergebnis dieses Arbeitsschrittes ist eine Zuordnung von Benutzergruppen zu Zielen und Aufgaben des Produkts. Diese Zusammenstellung bildet eine der Grundlagen für das Funktionskonzept und Dialogdesign (D-1, D-2) und die Festlegung der angestrebten Bedienbarkeitseigenschaften (E-1).

4.2.4.2.   Festlegung des Aufgabenspektrums

Ziel dieses Arbeitsschrittes ist die weitgehend vollständige Festlegung der Nutzungsmöglichkeiten des Zielprodukts. Die Spezifikationen entsprechen nach der Terminologie des VDI-Modells der Aufgabenebene der Mensch-Geräte-Schnittstelle und umfassen das Wissen über zu unterstützende Tätigkeiten sowie deren Untergliederung in Teilaufgaben. Der Wunsch "sich über aktuelle Tagesereignisse zu informieren", läßt sich z.B. in Unterzielen beschreiben, wie "Sendezeiten von Informationssendungen in Radio und Fernsehen herausfinden", "entsprechende Sendeanstalten und Sendezeiten bestimmen", "zur gewählten Zeit auf dem gewählten Sender die Nachrichten über TV-Gerät oder Radio empfangen".

Die aufgabenorientierten Beschreibungen ersetzen herkömmliche Funktionslisten und bilden die Basis für benutzergerechtes Design (Carroll & Rosson, 1991). Erst im späteren Designprozeß (D-1) wird festgelegt, wie die genaue Funktionszerlegung aussehen wird. Der Blickwinkel der Entwickler wird zunächst wieder auf die Interessen der Endbenutzer gelenkt, anstatt auf einzelne Funktionen, für die im Zweifelsfall noch nicht einmal geprüft ist, ob sie von den Benutzern auch gebraucht werden. Eine Beschreibung und hierarchische Strukturierung der Funktionalität des Geräts wäre an dieser Stelle nicht ausreichend, da daraus keine Bearbeitungssequenzen ableitbar sind, die sich an den Handlungszielen der Benutzer ausrichten. Hierarchische Funktionsbeschreibungen führen oft zu ebenso strukturierten und daher schwer bedienbaren Benutzungsschnittstellen.

Zur Konstruktion der Aufgabenbeschreibungen sollten Informationen bisheriger Arbeitsschritte herangezogen werden:
- Beschreibung neuer Anwendungsmöglichkeiten (A-1a),
- Funktionslisten von Vorgänger- und Vergleichsprodukten (A-1b),
- Interessen relevanter Benutzergruppen (A-3).

Das Leistungsspektrum der betrachteten Produkte ist relativ überschaubar und ermöglicht Aufgabenbeschreibungen in Form von Szenarien, die typische Bedienungssituationen wiedergeben. Carroll & Rosson (1991) schlagen vor, geeignete Szenarien analytisch aus einer Typologie von Benutzerbelangen oder empirisch über Beobachtungen an bestehenden Systemen zu ermitteln. Das Beispiel einer amerikanischen Telephongesellschaft zeigt, daß bei der Auswahl und Konstruktion von Szenarien die Repräsentativität der beschriebenen Tätigkeiten besonders wichtig ist. In einer Tätigkeitsanalyse der Telephon-Operatoren wurden 250 verschiedene Tätigkeitstypen identifiziert. Jedoch wurden 90% der Erledigungen allein von 19 Haupttätigkeiten abgedeckt (Gray et al., 1990).

Bei neuen Produktentwicklungen, bei denen das Aufgabenspektrum noch wenig bekannt ist, müssen die ausgewählten Szenarien nach ersten Design-, Prototyping- und Evaluationsschritten noch einmal überprüft und angepaßt werden. Die Szenarien müssen so konstruiert sein, daß jede Funktion mindestens einmal genutzt werden kann. Sie müssen ebenfalls erweitert werden, wenn nachträglich neue Funktionen in das Produkt eingebaut werden.

Szenario für ein integriertes Audio/Videosystem	
Benutzergruppe:	Direkter Benutzer: eine Person, die in einem Ein-Personenhaushalt lebt und somit als einziger Benutzer das Gerät bedient.
Situative und soziale Einflußfaktoren:	Der Benutzer sieht gerade eine Sendung im Fernsehen. Interessenkonflikte mit anderen Personen bestehen nicht.
Auslösendes Ereignis, Ziel des Benutzers:	Der Benutzer wird angerufen und trifft eine Verabredung. Aus diesem Grund möchte er den gerade laufenden Film möglichst einfach auf Video aufzeichnen.
Ausgangszustand des Geräts:	Das TV-Gerät sendet auf Kanal 1. Da es sich um ein integriertes System handelt, befinden sich alle anderen Geräte im Stand-by-Modus.
Gewünschtes Ergebnis:	Der gerade laufende Film soll bis zum Ende aufgezeichnet werden, das Gerät soll dann automatisch abschalten.

Abbildung 17: Beschreibungsschema für Szenarien repräsentativer Handlungsziele; fiktives Beispiel aus dem A/V-Bereich.

Eine Szenario-Beschreibung soll, wie im Beispiel gezeigt, folgendes spezifizieren:

* relevante Benutzercharakteristika,
* relevante situative oder soziale Einflußfaktoren,
* auslösendes Ereignis oder Absicht des Benutzers,
* Ausgangszustand des Geräts,
* gewünschtes Ergebnis.

Die Szenarien werden im weiteren Vorgehen mehrfach genutzt. Sie erleichtern die Identifikation von Bedienungsobjekten (D-1) und die Festlegung von Funktionen. Teile der Dialogstruktur für die Mensch-Geräte-Schnittstelle (D-2) lassen sich aus den Szenarien ableiten. Außerdem bilden sie die Grundlage späterer Produkteva-luationen (E-1). Es ist sinnvoll einen Pool solcher Szenarien anzulegen, damit auch später entwickelte, ähnliche Gerätetypen auf der Basis gleicher Kriterien evaluiert und verglichen werden können.

4.2.4.3. Handlungsmodelle unerfahrener Benutzer

Diskrepanzen zwischen dem impliziten Aufgabenmodell des Systems und den Handlungsmodellen der Benutzer lassen sich aufdecken, indem Personen einer Befragung unterzogen werden, die bisher nur wenig mit der entsprechenden Technik bzw. der in Frage stehenden Funktionalität in Berührung gekommen sind und deren Vorstellungen von bestehenden technischen Realisierungen kaum be-einflußt sind. Die Befragung zielt auf eine Zerlegung der Mensch-Geräte-Interak-tion in kognitiv sinnvolle Handlungssequenzen. Dafür werden die im vorigen Arbeitsschritt entworfenen Szenarien genutzt.

Die Benutzer werden gefragt, wie nach ihrer Vorstellung die erforderlichen Hand-lungsziele und Handlungsschritte aussehen, um die in den Szenarios beschriebe-nen Tätigkeiten durchzuführen. Vorteil dieser Maßnahme ist, daß dadurch die Mensch-Geräte-Interaktion eng an den Erwartungen potentieller Nutzer ausgerich-tet werden kann. Die Antworten werden mit Hilfe der GOMS-Notation (Card et al., 1983) strukturiert. GOMS steht für Ziele (goals), Operatoren (operators), Metho-den (methods) und Selektionsregeln (selection rules). Mit diesen vier Komponen-ten läßt sich die Interaktion eines Benutzers mit einem entsprechenden Gerät hin-reichend genau beschreiben. Ziele lassen sich in Teilziele bis hin zu Basisaufga-ben (unit tasks) zerlegen. Operatoren sind elementare Aktivitäten des Benutzers. Diese können perzeptive, motorische oder auch kognitive Aktivitäten umfassen. Methoden beschreiben automatisierbare Abfolgen von Operatoren, die dem Be-nutzer als gelernte Fertigkeiten (skills) zur Verfügung stehen. Selektionsregeln unterstützen die Wahl zwischen alternativ einsetzbaren Operatoren.

Für die Verwendung von GOMS-Modellen spricht nicht nur die begrenzte Kom-plexität der zu beschreibenden Tätigkeiten, die den Erstellungsaufwand für die Modelle in einem vertretbaren Rahmen hält, sondern auch die bewußte Ausgren-zung von Lernprozessen. Die Bedienung von Geräten der Unterhaltungselektronik ist durch häufig wiederholte Routinetätigkeiten gekennzeichnet und sollte mit einem vernachlässigbaren Lernaufwand beherrscht werden. Es gibt Hinweise, daß GOMS selbst bei der Analyse komplexerer Tätigkeiten genutzt werden kann (Gray et al., 1990).

Die Beschreibungen der GOMS-Modelle werden im Dialogdesign weiter genutzt für die Identifikation von Objekten und Funktionen (D-1) sowie für den Entwurf der Interaktionssyntax (Feinentwurf) (D-3).

4.3. Design der Mensch-Geräte-Schnittstelle

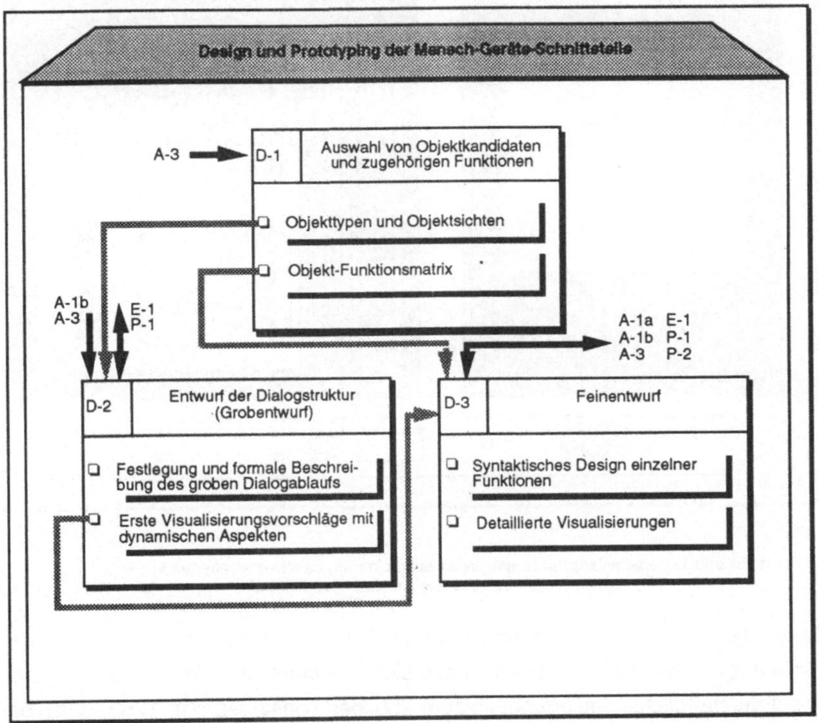

Abbildung 18: Arbeitsschritte, Zwischenergebnisse und Informationsfluß im Bereich "Design der Mensch-Geräte-Schnittstelle". Die grauen Pfeile beschreiben den Informationsfluß zwischen einzelnen Arbeitsschritten in diesem Methodenabschnitt (D); die schwarzen Pfeile beschreiben mögliche Wechselwirkungen mit den Methodenabschnitten "Anforderungsanalyse" (A) sowie "Prototyping" (P) und "Evaluation" (E).

Im Design der Mensch-Geräte-Schnittstelle sind zunächst Objekte festzulegen, mit denen der Benutzer in Berührung kommen wird. Es muß eine Dialogstruktur entworfen werden, die Handlungsabläufe und Navigationsmöglichkeiten zwischen Objektsichten beschreibt. Schließlich sind im Design detaillierte Spezifikationen auf der syntaktischen und der Ein-/Ausgabeebene zu entwickeln.

4.3.1. Objekte und zugehörige Funktionen (D-1)

Objekte beschreiben im Rahmen dieser Vorgehenssystematik Komponenten der Mensch-Geräte-Schnittstelle, die als eigenständige Einheiten jederzeit durch einen definierten inneren Zustand gekennzeichnet sind. Jedem Objekt ist eine definierte Menge von Funktionen zugeordnet, durch die der Zustand des Objekts verändert werden kann. Objekte können unterschiedlich visualisiert sein, zum Beispiel als Piktogramme oder als Fenster.

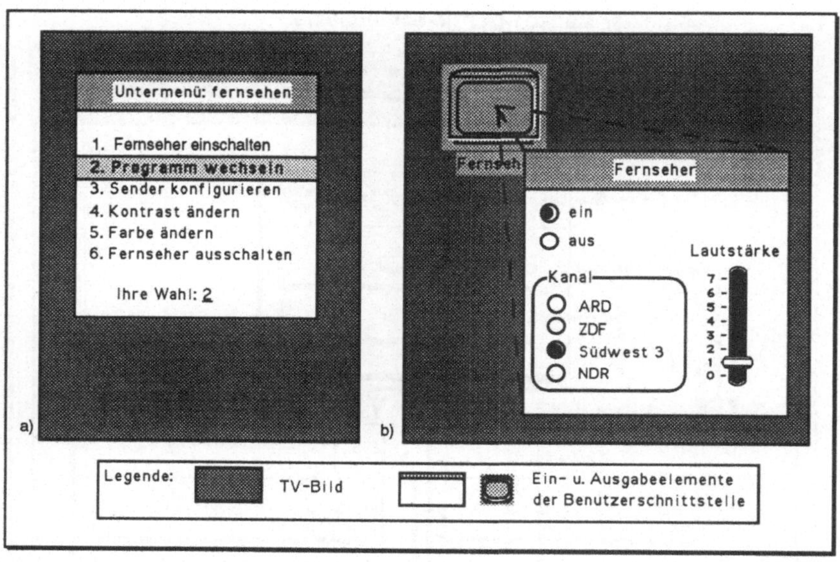

Abbildung 19: Exemplarische Gegenüberstellung einer (a) funktionsorientierten und einer (b) objektorientiert aufgebauten Benutzungsschnittstelle.

Durch die Konzeption einer Mensch-Geräte-Schnittstelle auf der Basis von Objekten und generischen Funktionen lassen sich komplexe Interaktionen auf wenige, leicht verständliche Bedienungsabläufe abbilden (Shneiderman, 1983). Das Bedienungskonzept geht dann nicht von hierarchisch oder sequentiell festgelegten Bedienungsabläufen aus. Der Benutzer hat weitgehend Kontrolle über sämtliche Eingabemöglichkeiten. Die Benutzungsschnittstelle reagiert nur, wenn der Benutzer ein Objekt spezifiziert und eine darauf zulässige Funktion oder Parameteränderung initiiert. Gleiche Funktionen bei verschiedenen Objekten werden jeweils auf die gleiche Weise realisiert.

Das Beispiel in der vorausgehenden Abbildung zeigt den Unterschied eines funktionsorientierten und eines objektorientierten Bedienungskonzepts für A/V-Geräte:

- In Teil a) ist ein Menüsystem dargestellt. Hier sind Menüeinträge auszuwählen, indem mit zwei entsprechenden Cursortasten die Selektionsmarke auf oder ab bewegt und mit einer Bestätigungstaste die aktuelle Auswahl aktiviert wird. Alternativ ist eine Direktaktivierung über Zifferneingaben zugelassen. Nach Aktivierung eines Menüeintrags wird entweder eine

Funktion ausgeführt oder in eine andere Hierarchieebene gewechselt, wobei der Bildschirminhalt bzw. das Menübild vollständig ausgetauscht wird.

- In Teil b) ist eine objektorientierte, graphische Mensch-Geräte-Schnittstelle dargestellt. Visualisiert ist das Objekt "Fernseher" in zwei Ausprägungen (Sichten): als Piktogramm, das selektiert und aktiviert (d.h. zu einem Fenster geöffnet) werden kann sowie als Fenster, in dem einzelne Parameteränderungen vorgenommen werden können.

Objekte graphischer Benutzungsschnittstellen lassen sich in drei Kategorien einordnen: Datenobjekte, Containerobjekte, Werkzeugobjekte (vgl. folgende Abbildung). Jedes Objekt kann wiederum in verschiedenen Sichten visualisiert werden: als Datensicht, Parametersicht, Detailsicht, Komplettsicht oder Klassensicht.

Da im Anwendungsbereich der Unterhaltungselektronik im wesentlichen Parameteränderungen von Geräten und weniger Datenmanipulationen im Vordergrund stehen, kommen meist Werkzeugobjekte mit Komplett- und Parametersichten in Betracht. Für die Zukunft sind allerdings auch Anwendungen mit Datenverarbeitungsaspekten denkbar, zum Beispiel wenn Komponenten zum Archivieren und Verwalten von CDs oder Video-Cassetten in den Leistungsumfang integrierter A/V-Systeme aufgenommen werden. In diesem Fall dürften auch Datenobjekte (z.B. Karteikarten) und Containerobjekte (z.B. Liste aller CDs) für die Spezifikation der Mensch-Geräte-Schnittstelle benötigt werden.

Für die Konzipierung von Objekten, Sichten und Funktionen werden die textuelle Beschreibung der Szenarien (A-3) und ihre Zerlegung in Handlungsabfolgen nach der GOMS-Notation (A-3) herangezogen. Dort verwendete Substantive werden daraufhin untersucht, ob sie an der Benutzungsschnittstelle als dinglicher Gegenstand bzw. Objekt repräsentiert werden können. Zum Beispiel könnte für das Einstellen der Zeit eine Uhr oder ein Wecker als Objektrepräsentation nutzbar sein. Prädikate sind dagegen hinsichtlich ihres Informationsgehalts über mögliche Gerätefunktionen zu analysieren. (Zum Beispiel weist die Tätigkeitsbeschreibung "Abspielen eine Videobandes" auf die Notwendigkeit einer Funktion wie "Wiedergabe/Play" hin.)

Eine Matrixdarstellung aus allen Objekten und Funktionen (vgl. Kap. 5.2.1) ermöglicht einen Überblick über die gesamte Benutzungsschnittstelle und gibt Hinweise auf ihre innere Konsistenz. Funktionen, die verschiedenen Objekten zugeordnet sind, lassen sich möglicherweise angleichen oder generalisieren. Es läßt sich zum Beispiel leicht erkennen, wenn für die gleiche Funktion verschiedene Namen verwendet werden (Komplexitätsreduktion der Mensch-Geräte-Schnittstelle). Wenn Funktionen nur bei wenigen Objekten aufgeführt werden, muß geprüft werden, ob diese nicht auch bei anderen Objekten nützlich sein können (Erweiterung der Mensch-Geräte-Schnittstelle).

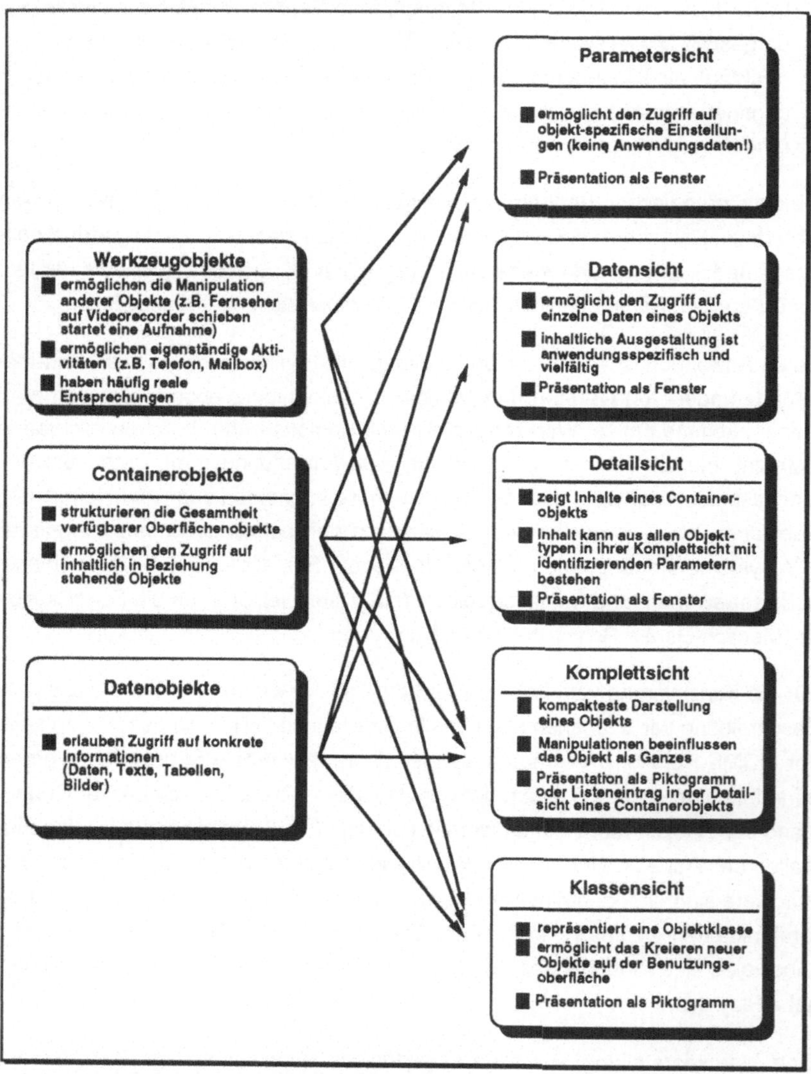

Abbildung 20: Typische Kategorien von Objekten und die zugehörigen Sichten für die Darstellung innerhalb graphischer Benutzungsschnittstellen.

Anschließend sind für jedes Objekt der Objekttyp und die zugehörigen Sichten zu identifizieren und Visualisierungsmöglichkeiten zu analysieren. Welche Sichten tatsächlich für die Mensch-Geräte-Schnittstelle benötigt werden, ergibt sich bei der Spezifikation der Dialogstruktur (D-2) und des Feinentwurfs (D-3).

4.3.2.   Dialogstruktur (Grobentwurf) (D-2)

Dialogabläufe in objektorientierten Mensch-Geräte-Schnittstellen bestehen im wesentlichen aus Übergängen zwischen Objektsichten verschiedener oder derselben Objekte oder aus Navigationsschritten innerhalb einer Sicht. Es ist daher das Ziel dieses Arbeitsschritts, die für den Benutzer notwendigen Übergänge zwischen Objektsichten zu identifizieren und die dafür notwendigen syntaktischen Abfolgen und Interaktionselemente festzulegen. Benötigt werden neben Objektsichten und Funktionen (D-1) die in den Szenarien festgeschriebenen Tätigkeiten (A-3). Soweit vorhanden können auch bewährte Designlösungen (A-1b) berücksichtigt werden.

Zur Visualisierung der Dialogabläufe werden Beschreibungsmöglichkeiten benötigt, mit denen sich benutzerinitiierte Ereignisse und dynamische Komponenten der Mensch-Geräte-Interaktion darstellen lassen. Untersuchungen haben ergeben, daß Petri-Netz-Darstellungen mit wenigen Erweiterungen diesen Anforderungen für graphische Benutzungsschnittstellen weitgehend gerecht werden (IAT, 1991a). Sie setzen sich aus den drei Darstellungselementen "Stelle", "Transition" und "Flußrelation" zusammen. Transitionen sind ereignisgesteuert und durch die Semantik fließender Marken lassen sich dynamische Abläufe auch für variierende Ausgangsbedingungen darstellen. Für die Beschreibung der Mensch-Geräte-Interaktion graphischer Benutzungsschnittstellen sind weitere Darstellungsmöglichkeiten erforderlich zur Darstellung von:
- parallelen Dialogabläufen (mehrere gleichzeitig geöffnete Sichten),
- hierarchischen Verfeinerungen und Abstraktionen,
- modalen Abläufen sowie von
- Abläufen innerhalb und zwischen Objektsichten.

Die folgende Abbildung zeigt eine Zusammenstellung der Beschreibungselemente für die Dialogstruktur graphischer Mensch-Geräte-Schnittstellen in der Unterhaltungselektronik.

Stellen können je nach Detaillierungsebene der Dialogbeschreibung zwei Bedeutungen annehmen:
a) bei grober Beschreibung entspricht jede Stelle einer Sicht eines Objekts und somit meist einem Fenster auf der Benutzungsschnittstelle,
b) bei feiner Beschreibung kann jede Stelle dem Zustand eines einzelnen Dialogobjekts (z.B. einer Taste mit den Zuständen gedrückt, nicht gedrückt, inaktiv) entsprechen.

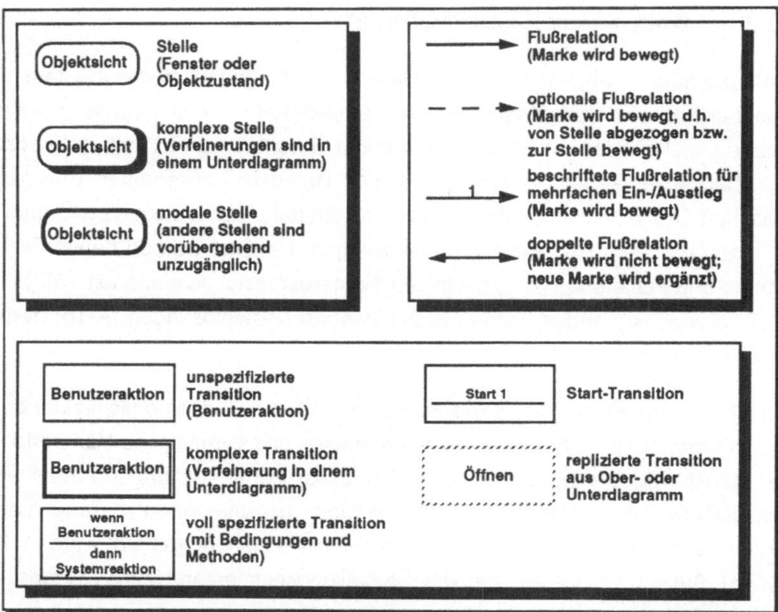

Abbildung 21: Grundbausteine für die Beschreibung von Dialogabläufen bei graphischen
Mensch-Geräte-Schnittstellen der Unterhaltungselektronik.

Vollständige Dialogbeschreibungen können mit einem kleinen Satz festgelegter
Grundregeln konzipiert und interpretiert werden:

- Aktiv ist eine Stelle, wenn sie eine Marke besitzt, d.h. zuvor durch eine
Transition aktiviert und nicht mehr deaktiviert wurde.

- Inaktiv ist eine Stelle, wenn sie keine Marke besitzt.

- Eine Transition (z.B. Aktivierung einer Funktion) kann nur ausgelöst werden,
wenn jede vorgelagerte Stelle (z.B. Sicht eines Objekts) mit einer nicht-
optionalen Flußrelation aktiv (z.B. geöffnet, sichtbar) ist, jede Zielstelle
inaktiv (z.B. geschlossen, nicht sichtbar) ist und das für die Transition
spezifizierte Auslöseereignis (z.B. erforderliche Benutzereingabe) statt-
gefunden hat.

- Vorgelagerte Stellen optionaler Transitionen können, müssen aber nicht
aktiv sein; eine ggf. aktive Herkunftsstelle wird deaktiviert, wenn die
Transition ausgelöst wird.

- Transitionen mit einer doppelten Flußrelation aktivieren die Zielstelle ohne
die Herkunftsstelle zu deaktivieren (z.B. Öffnen einer zweiten Objektsicht,
ohne daß die erste geschlossen wird).

Während solche formalen Dialogbeschreibungen für Dokumentationszwecke und
für die Kommunikation zwischen Entwicklern geeignet sind, werden für die Einbin-

dung von Anwendern andere Darstellungsformen benötigt, die Dialogabläufe für Endbenutzer anschaulich und nachvollziehbar machen. Dafür stehen verschiedene Techniken (von Videoaufnahmen einzelner Bildschirmskizzen bis zum voll funktionsfähigen Prototypen) zur Verfügung, die in einem Prototyping-Konzept (P-1) festgelegt werden müssen.

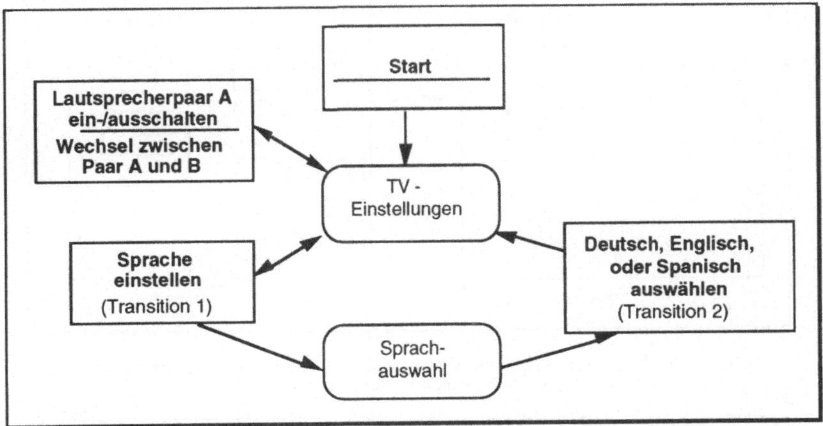

Abbildung 22: Dialogbeispiel zur Auswahl länderspezifischer Einstellungen als Dialoggrobspezifikation in erweiterter Petri-Netz-Darstellung.
Die Transition "Sprache..." kann ausgelöst werden, solange das Fenster "TV-Einstellungen" aktiv ist. Nach Auslösen der Transition wird aufgrund der doppelten Flußrelation keine Marke von "TV-Einstellungen" abgezogen, d.h. das Fenster bleibt geöffnet. Es fließt eine zusätzliche Marke zum Fenster "Sprachauswahl", das ebenfalls geöffnet wird und den Eingabefokus erhält. Weitere Transitionen im Fenster "TV-Einstellungen" bleiben weiterhin möglich (paralleler Dialog). Die Transition "Deutsch, Englisch oder Spanisch" kann nur ausgelöst werden, wenn das Fenster "Sprachauswahl" geöffnet ist. Die Transition zieht die Marke ab und das Fenster "Sprachauswahl" wird geschlossen. Der Fokus liegt wieder auf dem zuletzt aktivierten Fenster "TV-Einstellungen".

Parallel zur Beschreibung der Dialogabläufe müssen Bildschirmvisualisierungen detailliert werden. Zum Vorgehen bei der Informationsgestaltung gibt es eine Vielzahl von Veröffentlichungen (Bailey, 1982; Spinas et al., 1983; Galitz, 1985; Altey et al., 1986; Smith & Mosier, 1986; Gardiner & Christie, 1987; Shneiderman, 1987; Brown, 1988; Lang, 1988; Hoffmann, 1989; SNI, 1990, 1992; Heinecke, 1992). Es sollten aber vor allem solche Gestaltungsrichtlinien und Normen herangezogen werden, die auch für die Evaluation der Mensch-Geräte-Schnittstelle im Evaluationskonzept (E-1) ausgewählt wurden.

Das Ergebnis dieses Arbeitsschrittes besteht aus Dialogbeschreibungen in Form von:
- erweiterten Petri-Netzen als Kommunikations- und Dokumentationshilfsmittel, sowie als
- Bildschirmvisualisierungen und definierten Übergängen zwischen Bildschirminhalten oder als

- interaktive Prototypversionen,

  die mit Entwicklern und Anwendern bewertet werden können.

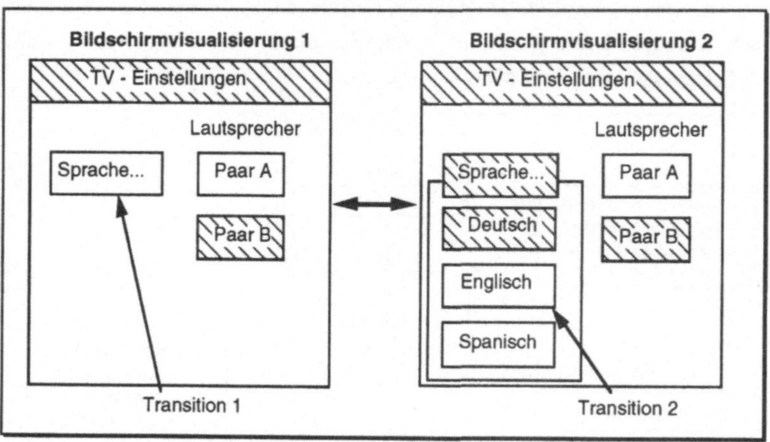

Abbildung 23: Dialogbeispiel zur Auswahl länderspezifischer Einstellungen, dargestellt als Abfolge von Bildschirmvisualisierungen.

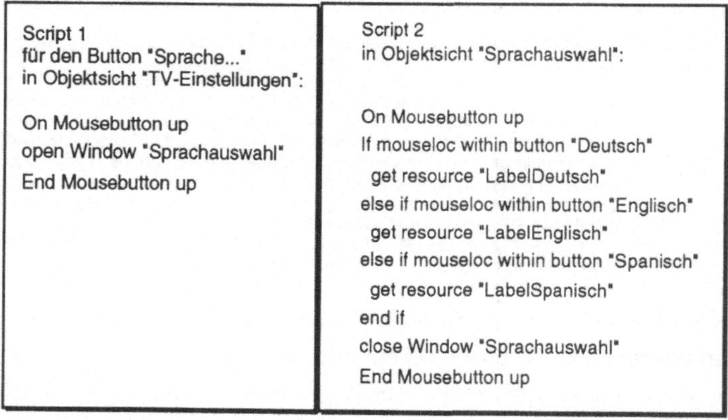

```
Script 1                            Script 2
für den Button "Sprache..."         in Objektsicht "Sprachauswahl":
in Objektsicht "TV-Einstellungen":


On Mousebutton up                   On Mousebutton up
open Window "Sprachauswahl"         If mouseloc within button "Deutsch"
End Mousebutton up                    get resource "LabelDeutsch"
                                    else if mouseloc within button "Englisch"
                                      get resource "LabelEnglisch"
                                    else if mouseloc within button "Spanisch"
                                      get resource "LabelSpanisch"
                                    end if
                                    close Window "Sprachauswahl"
                                    End Mousebutton up
```

Abbildung 24: Beispiel für die Definition von ereignisgesteuerten Dialogabläufen in einem mit einem UIMS erstellten Prototypen,
Script 1: Eventhandler für den Button "Sprache...",
Script 2: Eventhandler für das Fenster "Sprachauswahl".

4.3.3.   Informationspräsentation (Feinentwurf) (D-3)

Im Feinentwurf werden die Methoden zur Manipulation von Objekten (Funktionen) syntaktisch vervollständigt, d.h. es werden die Ein-/Ausgabeoperationen sowie das Feinlayout der Objektsichten und Dialogobjekte entwickelt. Es wird genau festgelegt, wie der Benutzer Eingaben zu tätigen hat. Um eine Sendung auszuwählen, sind beispielsweise folgende Eingaben denkbar:

(1) Schaltknopf 'Power on' betätigen,

(2) Taste 'Btx' drücken,

(3) Taste 'vorwärts blättern' so oft betätigen, bis gewünschte Sendung gefunden ist,

(4) Sendung auswählen mit Taste 'select',

(5) Taste 'speichern' betätigen.

Außerdem wird festgelegt, wie Informationseinheiten und Rückmeldungen an den Benutzer aussehen. Hierbei werden Detailfragen wie die Benennung von Auswahloptionen, Entwurf von Piktogrammen und Farbgebung entschieden. Für "Walk-Up-And-Use"-Benutzungsschnittstellen (Lewis et al., 1990), zu denen die Geräte der Unterhaltungselektronik zu zählen sind, schlagen Lewis et al. (1990) außerdem ein leitfadenorientiertes Gestaltungskonzept (walkthrough) vor. Es orientiert sich eng an menschlichen Informationsverarbeitungprozessen und fördert mit wenig Aufwand die Selbsterklärungsfähigkeit der Mensch-Geräte-Schnittstelle (Lewis et al., 1990; Rieman et al., 1991). Sie konnten zeigen, daß mit solchen leitfadenorientierten Konzepten bei der betrachteten Kategorie von Mensch-Rechner-Schnittstellen bis zur Hälfte der in empirischen Untersuchungen gefundenen Problembereiche vermieden werden können. Weitere Untersuchungen zum Einsatz leitfadenorientierter Gestaltungstechniken mit positiven Beurteilungen liegen vor (Karat et al., 1992; Wharton, et al., 1992).

Aus den Arbeiten von Lewis et al. (1990) und psychologischen Modellen des Handlungsprozesses (Norman, 1986; Frese & Peters, 1988) wurde daher ein Fragenkatalog für die Gestaltung des Feinentwurfs abgeleitet (vgl. nachfolgende Abbildung). Mit Hilfe dieses Fragenkatalogs werden sämtliche Dialogszenarien und GOMS-Analysen (A-3) überarbeitet. Der Fragenkatalog ist dabei auf jeden Interaktionsschritt des Benutzers gleichermaßen anzuwenden.

Sind die Aspekte identifiziert, die dem Benutzer die notwendigen Hinweise zum Verständnis der Mensch-Geräte-Schnittstelle vermitteln, stehen zur konkreten Ausgestaltung die im Evaluationskonzept (E-1) zusammengestellten Normen und Gestaltungsrichtlinien zur Verfügung. Auch die aufgedeckten Mängel bei bestehenden Geräten (A-1b) sowie Anforderungen, die sich aus Gesprächen mit Benutzern ergeben (A-3), müssen spätestens in dieser Phase berücksichtigt werden.

Fragenkatalog zur Durchführung des Feinentwurfs	
Handlungs-ziel:	*Woran soll der Benutzer in einer gegebenen Dialogsituation erkennen, daß sein nächstes Handlungsziel (gemäß eines vorgegebenen Szenarios) mit dem Gerät erreicht werden kann?*
Handlungs-plan I:	*Woran soll der Benutzer in einer gegebenen Dialogsituation erkennen, welche Objekte bearbeitet werden können und durch welche Operationen an den Objekten die gewünschten Handlungsziele mit dem Gerät erreicht werden können?*
Handlungs-plan II:	*Woran soll der Benutzer in einer gegebenen Dialogsituation erkennen, welche Handlungsalternativen das Erreichen der gewünschten Handlungsziele ermöglichen?*
Handlungs-durch-führung:	*Woran soll der Benutzer in einer gegebenen Dialogsituation erkennen, wie die notwendigen Operationen ausgeführt werden können?*
Handlungs-kontrolle:	*Woran soll der Benutzer in einer gegebenen Dialogsituation erkennen, welcher Effekt durch die Ausführung einer Operation erzielt wurde?*
Ergebnisinterpretation I:	*Woran soll der Benutzer in einer gegebenen Dialogsituation erkennen, ob durch die Ausführung einer Operation eine Annäherung auf das Handlungsziel erzielt wurde?*
Ergebnisinterpretation II:	*Woran soll der Benutzer erkennen, welche weiteren Operationen erforderlich sind, bis das Handlungsziel erreicht ist? Wenn eine Operation vom Ziel wegführt, woran soll er erkennen, wie die Operation rückgängig zu machen ist?*

Abbildung 25: Am Handlungsprozeß orientierter Fragenkatalog zur Durchführung des Feinentwurfs.

Durch das Detaillierungsniveau der Feingestaltung sind formale Beschreibungen, wie sie für den Grobentwurf (D-2) vorgeschlagen wurden, meist zu komplex und zu aufwendig. Sie werden daher nur für besonders kritische oder alternativ diskutierte Komponenten des Dialogs herangezogen. Ein Beispiel für den Detaillierungsgrad von Dialogbeschreibungen im Feinentwurf und zugehörige Bildschirmskizzen zeigt die folgende Darstellung.

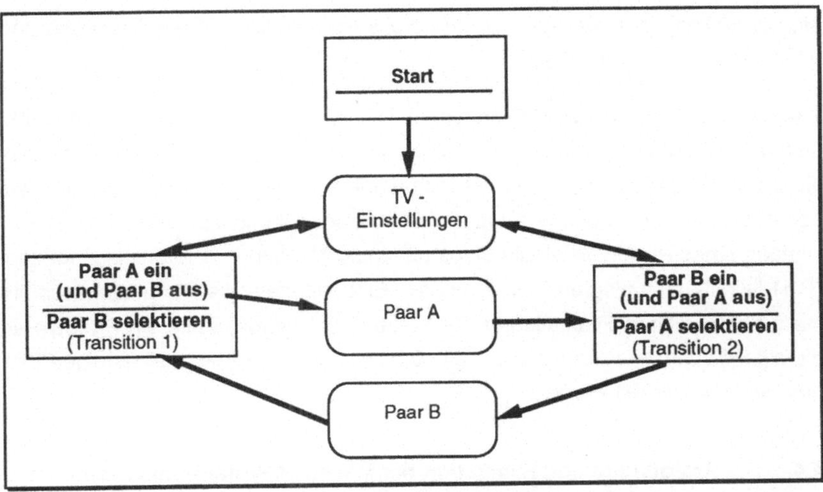

Abbildung 26: Beispiel für die Beschreibung eines detaillierten Dialogablaufs innerhalb eines Fensters;
Transition 1 kann ausgelöst werden, wenn das Fenster "TV-Einstellungen" sichtbar ist und der Radio-Button "Paar B" eingeschaltet ist. Sobald die Transition ausgelöst ist, wird die Marke vom Radio-Button "Paar B" abgezogen und der Button ausgeschaltet; zugleich wird eine Marke zu Radio-Button "Paar A" bewegt und der Button eingeschaltet. Der Ablauf für die rechte Transition verläuft analog.

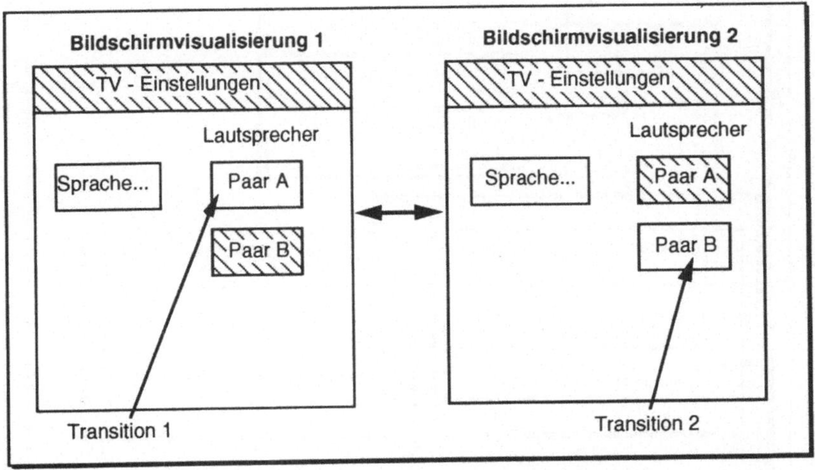

Abbildung 27: Bildschirmskizzen für das o.g. Beispiel eines detaillierten Dialogablaufs innerhalb eines Fensters.

Spätestens in diesem Entwicklungsstadium der Benutzungsschnittstelle ist eine prototypische Realisierung der Benutzungsschnittstelle (P-1) mit einem geeigneten Software-Werkzeug (P-2) gefordert. Durch Einsatz marktgängiger und auf heutigen Standards aufsetzender User Interface Management Systeme kann auf viele Dialogelemente (z.B. Pushbuttons, Radio-Buttons, Checkboxen, Menüs, etc.) zurückgegriffen werden, für die bereits ein standardisiertes Aussehen und Interaktionsverhalten festliegt.

Ziel des Feinentwurfs sind Prototypen, die ein detailliertes Bild der Mensch-Geräte-Interaktion vermitteln. Ein Prototyp für den Feinentwurf sollte Dialogabläufe und Visualisierungen der Mensch-Geräte-Schnittstelle beinhalten, die auf der syntaktischen und Ein-/Ausgabe-Ebene weitgehend spezifiziert sind. Der Umfang eines Prototyps ist allerdings abhängig von den im Prototyping-Konzept (P-1) jeweils festgelegten Zielsetzungen. Erst nachdem die Benutzungsschnittstelle ausführlichen Evaluationen (E-1) unterzogen wurde, sollte ein Prototyp an die eigentlichen Anwendungsroutinen gekoppelt und zu einem vollständigen Produkt weiterentwickelt werden.

4.4.   Prototyping und Evaluation der Mensch-Geräte-Schnittstelle

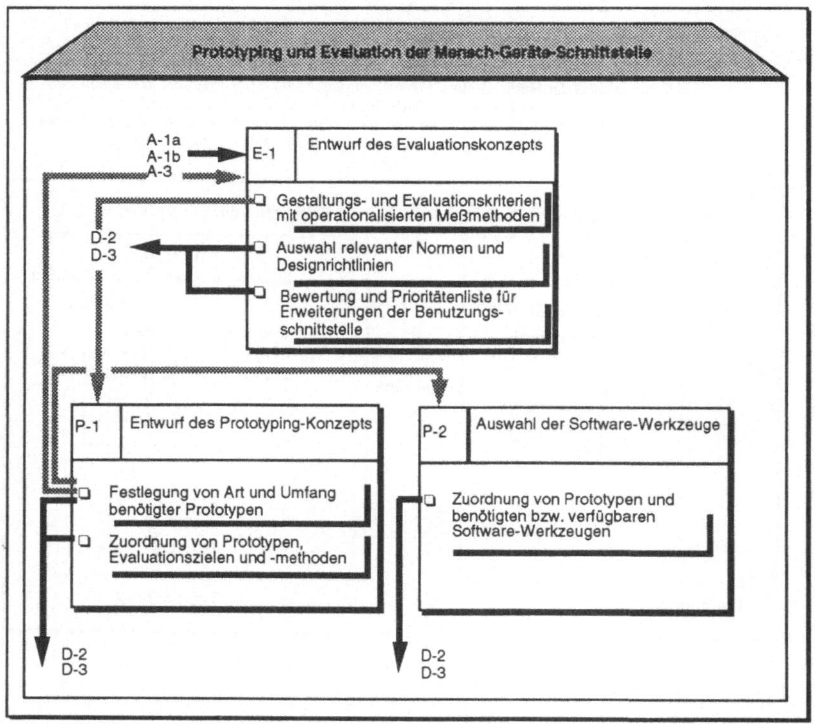

Abbildung 28: Arbeitsschritte, Zwischenergebnisse und Informationsfluß im Bereich "Prototyping und Evaluation der Mensch-Geräte-Schnittstelle". Die grauen Pfeile beschreiben den Informationsfluß zwischen einzelnen Arbeitsschritten in diesem Methodenabschnitt (P, E); die schwarzen Pfeile beschreiben mögliche Wechselwirkungen mit den Methodenabschnitten "Anforderungsanalyse" (A) und "Design" (D).

Evaluationsmaßnahmen bieten sich an zur Überprüfung von Anforderungsanalyse und Aufgabendesign sowie zur Absicherung des Dialoggrobentwurfs und des Dialogfeinentwurfs. Dazu ist in einem Prototyping-Konzept festzulegen, welche Aspekte der Mensch-Geräte-Schnittstelle in Prototypen implementiert werden sollen und welche Eigenschaften die Prototypen aufweisen müssen. Bei der Auswahl der Prototypen müssen verfügbare Prototyping-Werkzeuge berücksichtigt werden oder Anforderungen an neu zu entwickelnde Werkzeuge definiert werden. Im Evaluationskonzept wird bestimmt, welche Bedienungsqualität und Bedienungseigenschaften mit den jeweiligen Prototypen erreicht werden müssen, bevor neue Designziele angegangen werden können. Die Evaluation der Mensch-Geräte-Schnittstelle wird aufgrund der iterativen Prototypentwicklung zu verschiedenen Zeitpunkten und in mehreren Teilschritten durchgeführt. Sie ist wesentlicher Bestandteil des Entwicklungsprozesses. Von ihren Resultaten nachfolgende Designschritte entscheidend beeinflußt werden.

4.4.1.　Entwurf des Prototyping-Konzepts (P-1)

"There must be a cycle of design, test and measure, and redesign, repeated as often as necessary. Empirical measurement and iterative design are necessary because designers, no matter how good they are, cannot get it right the first few times." (Gould et al., 1987)

Prototypen stellen für die Kommunikation zwischen Endbenutzern und Entwicklern eine wesentliche Erleichterung dar. Sie können zur Identifikation und Analyse von Aufgaben- und Benutzeranforderungen herangezogen werden, sie können zur Bewertung und Selektion alternativer Designlösungen genutzt werden, und sie lassen sich bereits für Trainings- und Ausbildungszwecke einsetzen, während die eigentliche Anwendung noch entwickelt wird. Selbst für Marketingzwecke können Prototypen frühzeitig genutzt werden. Ein weiterer Vorteil eines Prototyping-Konzepts liegt in einer hohen Reagibilität auf sich verändernde Anforderungen. Welche Prototypen benötigt werden, hängt vor allem von den Fragestellungen ab, die bei späteren Evaluationen beantwortet werden sollen. Frese & Brodbeck (1989) weisen darauf hin, daß Prototyping eher zu Optimierungsentscheidungen für neue Benutzer führt. Da es für eine neue Anwendung noch keine erfahrenen Benutzer gibt, können diese auch nicht getestet werden. Im Bereich der Unterhaltungselektronik mit vielen unerfahrenen und sporadischen Benutzern ist dies geradezu ein Vorteil.

Ziel dieses Arbeitsschrittes ist es festzulegen, welcher Nutzen aus Prototypen gezogen werden soll und welche bzw. wieviele Prototypen dafür erforderlich sind. Die Beantwortung des nachfolgenden Fragenkatalogs ergibt entsprechende Entscheidungshilfen.

<table>
<tr><td colspan="2">Fragenkatalog zur Bestimmung benötigter Prototypen</td></tr>
<tr><td colspan="2">1) Welche der folgenden Aspekte sollen anhand von Prototypen beurteilt werden?</td></tr>
<tr><td>

O   a)

O   b)

O   c)

O   d)

O   e)

O   f)

O   g)

</td><td>

Angemessenheit des entworfenen Aufgabenspektrums (Aufgabenebene)

Nützlichkeit der Funktionalität (Aufgabenebene)

Verständlichkeit der Funktionaliät (semantische Ebene)

Selbsterklärungsfähigkeit der Funktionalität auf Syntaxebene

Effizienzunterschiede zwischen Alternativlösungen

Generelle Bedienbarkeit, Fehleranfälligkeit, Flexibilität

Sonstiges _______________________

</td></tr>
<tr><td colspan="2">2) Welche Zielgruppen sollen mit einem Prototypen angesprochen werden?</td></tr>
<tr><td>

O   a)

O   b)

O   c)

O   d)

</td><td>

Management

Marketing, Vertrieb

Endanwender

Sonstige _______________________

</td></tr>
<tr><td colspan="2">3) Gibt es Vorgaben (z.B. durch strategische oder organisatorische Gegebenheiten), zu welchem Zeitpunkt mindestens ein Prototyp verfügbar sein soll?</td></tr>
<tr><td>

O   a)

O   b)

O   c)

</td><td>

Anfangsphase   Begründung _______________________

Endphase   Begründung _______________________

keine Vorgaben

</td></tr>
</table>

Abbildung 29: Entscheidungshilfe zur Spezifikation des Prototyping-Konzepts.

Welche Implikationen hinter den einzelnen Antwortkategorien stehen, wird im folgenden erläutert:

Für 1a) folgt:

Ein Prototyp sollte möglichst früh entwickelt werden, sobald ausreichende Informationen aus den Arbeitsschritten A-1a (Identifikation neuer Anwendungsmöglichkeiten), A-2 (Analyse technischer Randbedingungen) und A-3 (Analyse relevanter Benutzergruppen) vorliegen. Der Prototyp kann beispielsweise aus Bildschirmskizzen auf Papier bestehen, wenn das Dialogkonzept sehr innovativ ist und wenig Erfahrungen vorliegen, ob ein solches Konzept überhaupt vom Endbenutzer akzeptiert wird. Damit der Ablauf einer bestimmten Handlungssequenz deutlich wird, empfiehlt es sich, einzelne Komponenten der Bilder nacheinander zu verändern und auf Video aufzunehmen. Die Erstellung ist relativ effizient, spätere Änderungen werden aufwendig. Durch das sequentielle Medium geht Flexibilität verloren. Alternative Dialogabläufe lassen sich nicht gleichzeitig darstellen.

Für 1b) folgt:

Ein Prototyp sollte möglichst früh, d.h. nach dem Arbeitsschritt A-1a (Identifikation neuer Anwendungsmöglichkeiten), entwickelt werden. Häufig beinhaltet das neue Produkt durch eine neue Technologie zum Beispiel soviele Neuerungen, daß eine Aufgabenmodellierung (A-3) zunächst nur ausschnittweise möglich ist. Anstatt von tatsächlich vorhandenen Bedürfnissen der Anwender auszugehen, wird oftmals zuerst eine neue Technik entwickelt und erst dann nach "sinnvollen" Anwendungsmöglichkeiten gesucht.

Für 1c) folgt:

Ein Prototyp wird erst beim Feinentwurf der Mensch-Geräte-Schnittstelle (D-3) benötigt; der Grobentwurf (D-2) sollte bereits relativ stabil sein. Wie verständlich die Funktionalität eines Gerätes ist, kann am besten untersucht werden, wenn auch Systemrückmeldungen simuliert werden können.

Für 1d) folgt:

Ein Prototyp wird benötigt, der vom Benutzer interaktiv genutzt werden kann. Wenn es das Anwendungsgebiet erfordert, daß während der Laufzeit neue Objekte auf der Benutzungsschnittstelle kreiert werden, ist eine rasche Detailspezifizierung bis hin zu einzelnen Anwendungsalgorithmen erforderlich, da ansonsten keine realitätsgerechten Benutzertests durchgeführt werden können. Das gleiche gilt auch, wenn mehrere Geräte unter einer Benutzungsschnittstelle integriert werden und Rückmeldungen für den Benutzer nicht nur von der Benutzungsschnittstelle ausgehen, sondern auch von den Geräten selbst (z.B. Geräusche, durch die erkannt wird, daß der Videorekorder gerade eine Aufnahme beginnt).

Für 1e) folgt:

Mindestens zwei Prototypen werden benötigt.

Es genügt, wenn lediglich die zum Vergleich anstehenden Funktionen verfügbar sind. Diese sollten aber soweit implementiert sein, daß die Prototypen interaktiv genutzt werden können und objektive Messungen möglich sind.

Für 1f) folgt:

Der Prototyp muß sehr ausgereift sein.

Diese Aspekte sind nur mit einem Prototypen zu erheben, der über eine breite Funktionalität verfügt und Langzeituntersuchungen (z.B. Pilotinstallationen) unterzogen werden kann.

Für 2a) folgt:

Ein Prototyp wird früh benötigt, um strategische Entscheidungen zu ermöglichen. Einfache Implementierungen sind meist anschaulich genug.

Für 2b) folgt:

Ein Prototyp kann bereits früh nützlich sein. Marketing-Experten haben einen guten Überblick über Benutzerinteressen und sollten daher frühzeitig Leistungsmerkmale des Produkts mitbestimmen. Einfache Implementierungen sind meist ausreichend.

Für 2c) folgt:

Je detaillierter und realistischer der Prototyp ausgestaltet ist, umso konkretere Aussagen zur Bedienungsfreundlichkeit sind von Benutzern zu erwarten. Die Benutzer sollten nicht zu früh mit dem Prototyp konfrontiert werden.

Für 3a) folgt:

Da noch mit größeren konzeptionellen Änderungen zu rechnen ist, genügt ein Quick-&-Dirty-Prototyp, der mit geringem Aufwand programmiert wird.

Für 3b) folgt:

Je später ein Prototyp entwickelt wird, umso wichtiger ist es, Software-Werkzeuge zu verwenden, die es ermöglichen, den Prototyp später auch vertikal auszuprogrammieren. Der Aufwand darf aber auch hier nicht zu groß werden, da die gesamte Mensch-Geräte-Schnittstelle in der Unterhaltungselektronik oft noch in Assembler optimiert wird (z.B. weil nur geringer Speicherplatz verfügbar ist).

In der Regel ist es sinnvoll Strategien zu variieren und sowohl horizontale als auch vertikale Erweiterungen durchzuführen. Die spezifischen Eigenheiten des Prototyping-Ansatzes führen zu schwer vorhersehbaren zeitlichen Verläufen. Wie oft neue Prototypversionen erstellt werden müssen, bzw. unter welchen Bedingungen auf weitere Iterationsschritte verzichtet werden kann, hängt im wesentlichen vom Evaluationskonzept ab. Kriterien für die Beendigung iterativer Prototyping-Zyklen können sein:

- inhaltlich begründete, relative Kriterien gemäß dem Evaluationskonzept (E-1),
  z.B.: Prototyping beenden, wenn System B um mindestens 30% weniger Fehlbedienungen verursacht als System A,
- inhaltlich begründete, absolute Kriterien gemäß dem Evaluationskonzept (E-1),
  z.B.: Prototyping beenden, wenn das Gerät bei mindestens 60% der Benutzer gute Akzeptanzscores erreicht,
- pragmatische und in Kosten begründete Kriterien,
  z.B.: Prototyping beenden, wenn z.B. mindestens zwei unterschiedlich breit und tief implementierte Prototypen mit je einem Iterationsschritt untersucht wurden,
- heuristisch begründete Kriterien,
  z.B.: Prototyping nach drei Iterationsschritten beenden, da danach in allen vorausgehenden Projekten das Design zu 80% stabil war.

Aus dem Prototyping-Konzept ergeben sich die erforderliche Mindestanzahl, gewünschte Eigenschaften und Entwicklungszeitpunkte der Prototypen. Auswirkungen ergeben sich insbesondere für die Werkzeugauswahl.

4.4.2.   Werkzeugauswahl (P-2)

Fragenkatalog zur Auswahl von Prototyping-Werkzeugen für graphische Mensch-Geräte-Schnittstellen	
Plattformen:	Gibt es Einschränkungen bezüglich der Plattform für einen oder mehrere Prototypen? Welche Plattformen sind möglich?
	O MS-DOS, MS-Windows O OS/2 O UNIX, X, OSF/Motif O UNIX, X, Open Look O Macintosh O Sonstige _______
Dialogobjekte:	Welche gängigen oder anwendungsspezifischen Dialogkomponenten müssen von dem Werkzeug bereitgestellt werden?
	O Pushbuttons O Menüleiste, Pulldown-Menüs O Objektgraphik O Rastergraphik O Anzeigendisplays O Sonstige _______
Eingabetechniken:	Welche Eingabeinstrumente werden verwendet und sollen mit dem Werkzeug ansprechbar sein?
	O Tastatur O Maus O Infrarot-Fernbedienung O Trackball O Touchpad O Sonstige _______
Ausgabetechniken:	Welche Geräte müssen als Ausgabeeinheiten ansteuerbar sein?
	O PC-Monitor O TV-Bildschirm O Infrarot-Fernbedienung O Videorekorder O Verstärker O CD-Spieler O Sonstige _______
Einarbeitungsaufwand:	Wieviel Einlernzeit ist im Rahmen der verfügbaren Entwicklungszeit tolerierbar?
	O > 4 Wochen, beliebig O bis 4 Wochen O max. 2 Tage

Abbildung 30: Fragenkatalog für die Anforderungsdefinition an Prototyping-Werkzeuge.

Zwar können auch Papier, Bleistift und Videotechnik in frühen Entwicklungsphasen nutzbringend eingesetzt werden. Um der Forderung nach Durchgängigkeit und Weiterverwendbarkeit von Zwischenergebnissen nachzukommen, sollten Software-Werkzeuge jedoch zu einem möglichst frühen Zeitpunkt Verwendung finden. Kriterien, die bei der Werkzeugauswahl besonders zu untersuchen sind, zeigt der Fragenkatalog der vorausgehenden Abbildung:

Ergebnis dieses Arbeitsschrittes ist eine Aufstellung über die Anforderungen an die Prototyping-Werkzeuge für den speziellen Anwendungsfall. Mit Hilfe der o.g. Fragen können die zur Verfügung stehenden Werkzeuge untersucht und aufgrund ihrer Leistungsmerkmale den im Prototyping-Konzept festgelegten Entwicklungsstufen zugeordnet werden. Bei der Auswahl der mit dem Fragenkatalog eingegrenzten Werkzeuge ist ferner zu beachten, daß sie ausreichende Kommunikationsmöglichkeiten mit der Außenwelt bieten und spätere Anpassungen auf weitere Anwendungssysteme ermöglichen. Entscheidend bei Endverbraucherprodukten ist auch, ob die Kosten für das Werkzeug zu den Fixkosten oder zu den variablen Kosten zählen. Wenn z.B. Runtime-Lizenzen anfallen, entstehen Kosten bei jedem produzierten Gerät.

Oftmals werden die Werkzeuge nur einen Teil der Anforderungen erfüllen. Dann ist zu klären, ob die Prototypen mit unterschiedlichen Werkzeugen entwickelt werden sollen, oder ob sich eventuell eine Eigenentwicklung lohnt. Im ersten Fall sind Medienbrüche und Redundanzen unvermeidlich, im zweiten Fall ist dagegen mit einer deutlich verlängerten Entwicklungszeit zu rechnen, die am ehesten bei einer hohen Einsatzrate des Werkzeugs gerechtfertigt scheint.

4.4.3. Evaluationskonzept (E-1)

Zur Gewährleistung einer guten Bedienbarkeit eines Gerätes aus der Unterhaltungselektronik ist es erforderlich, software-ergonomische Gestaltungs- und Evaluationsziele für die Mensch-Geräte-Schnittstelle festzulegen, zu operationalisieren und meßbar zu machen. Dies sollte zu einem frühen Entwicklungszeitpunkt geschehen, denn Untersuchungen haben gezeigt, daß Entwicklerteams meist nur nach wenigen Kriterien gleichzeitig optimieren und Software je nach Gestaltungsfokus (Codeoptimierung, Benutzerfreundlichkeit, o.ä.) sehr unterschiedlich ausfallen kann.

Für die Festlegung des Evaluationskonzepts sind die Ergebnisse aus der Analyse der Benutzergruppen (A-3) sowie software-ergonomische Anforderungen aus der Untersuchung von Vorgänger- und Vergleichsprodukten (A-1b) zu berücksichtigen. Auch software-ergonomische Normen und Standards können als Bewertungsmaßstäbe herangezogen werden. Darüberhinaus stellt die wissenschaftliche

Literatur eine Reihe von Kriteriensets zu Gestaltungs- und Evaluationszielen zur Auswahl.

4.4.3.1. Auswahl von Evaluationskriterien

Die folgende Abbildung stellt verschiedene Zusammenstellungen von Gestaltungs- und Evaluationskriterien gegenüber und bewertet deren Relevanz für den A/V-Bereich. Neben den gängigen Gestaltungszielen aus dem Computerbereich gehören im Bereich der Unterhaltungselektronik Komfort, Attraktivität, Spaß und Vergnügen zu den Erfolgsfaktoren. Sofortiges, intuitives Verstehen und die Möglichkeit zu einer kontinuierlichen Kompetenzsteigerung sind ebenfalls von großer Bedeutung. Kompatibilität und Konsistenz zwischen verschiedenen Systemen werden zunehmend wichtiger.

Kriteriensets zur Gestaltung und Evaluation von Mensch-Rechner-Schnittstellen						
Dzida et al. (1978)	Ulich (1986)	DIN 66234, Teil 8 (1988)	Frese, Brodbeck (1989)	VDI 5005 (1990)	ISO 9241, Teil 10 (1993)	Relevanz für A/V-Bereich
Erlernbarkeit	Unterstützung		Erlernbarkeit		Erlernbarkeit	❶❷❸❹
Selbstbeschreibungsfähigkeit	Transparenz	Selbstbeschreibungsfähigkeit	Transparenz, Selbsterklärungsfähigkeit	Kompetenzförderlichkeit	Selbstbeschreibungsfähigkeit	❶❷❸
Erwartungskonformität	Konsistenz	Erwartungskonformität	Interne Konsistenz		Erwartungskonformität	❶❷
Handlungsflexibilität	Flexibilität, Individualisierbarkeit		Flexibilität, Individualisierbarkeit, Anpaßbarkeit	Handlungsflexibilität	Individualisierbarkeit	❶
Aufgabenangemessenheit	Kompatibilität	Aufgabenangemessenheit	Aufgabenangemessenheit	Aufgabenangemessenheit	Aufgabenangemessenheit	Komfort ❶❷❸
Fehlerrobustheit	Toleranz	Fehlerrobustheit	Fehlerrobustheit, -management, -vermeidung		Fehlertoleranz	❶❷❸❹
Steuerbarkeit		Steuerbarkeit			Kontrollierbarkeit	❶❷❸
						Attraktivität ❶❷❸❹

Abbildung 31: Gegenüberstellung verschiedener Sets von Gestaltungs- und Evaluationskriterien aus der Literatur und ihre Gewichtung für den A/V-Bereich (❶ = wenig relevant; ❶❷❸❹ = sehr relevant).

Um die Benutzungsschnittstelle eines Produkts zu evaluieren, stehen sowohl quantitative als auch qualitative Strategien zur Verfügung. Erstere erlauben relative und absolute Aussagen über die Bedienbarkeit eines Produkts, letztere geben Hinweise darüber, welche positiven und negativen Eigenschaften eines Produkts zu dieser Beurteilung beitragen. Quantitative Ergebnisse beschreiben, wie hoch der Verbesserungsbedarf für ein Produkt ist, während qualitative Ergebnisse angeben, worin der Verbesserungsbedarf genau besteht.

4.4.3.2. Quantitative Evaluationsstrategien

Da die einzelnen Evaluationskriterien je nach Entwicklungszeitpunkt unterschiedlich wichtig sein können, ist für jeden Prototyp zu prüfen, welche Kriterien besonders zu berücksichtigen sind. Zum Beispiel kann Fehlerrobustheit erst zuverlässig gemessen werden, wenn die Benutzungsschnittstelle weitgehend implementiert ist. Die Auswahl der Kriterien kann auch von identifizierten Defiziten der Vorgängerprodukte (A-1b) bestimmt sein. Wurde ein Produkt in einer Vorversion zum Beispiel als schwer erlernbar eingestuft, sollte diesem Kriterium bei der Evaluation besondere Aufmerksamkeit zukommen. Verfügt die Zielgruppe der Benutzer (A-3) über technisches Know-How, kann das Kriterium der Erlernbarkeit dagegen in den Hintergrund gerückt werden.

Die ausgewählten Kriterien sollten für jeden Prototypen möglichst in eine Rangfolge gebracht werden. Auch wenn es im Einzelfall schwierig ist, eine genaue Gewichtung festzulegen, sollte daraus dennoch ersichtlich werden, welche Ziele essentiell sind und welche darüberhinaus erwünscht sind.

4.4.3.2.1. Auswahl geeigneter Meßvariablen

Nachdem für einen Prototypen die relevanten Evaluationskriterien festgelegt sind, müssen geeignete Meßvariablen konzipiert werden, die eine Beurteilung des Erfüllungsgrades jedes Kriteriums ermöglichen.

Unter Bedienbarkeit (usability) wird sowohl die Effektivität und Effizienz, als auch die subjektive Zufriedenheit der spezifizierten Benutzergruppen bei der Nutzung des neuen Produkts verstanden (ISO-9241, Teil 11). Es empfiehlt sich daher, Effektivitäts-, Effizienz- und Zufriedenheitsmaße zu bestimmen. Wichtig ist, daß die Maße aus Benutzersicht formuliert werden. Für die im A/V-Bereich relevanten Evaluationskriterien ergeben sich Meßmöglichkeiten wie in Abbildung 32 gezeigt.

4.4.3.2.2. Festlegung von Zielwerten

Um die Aussagekraft von Meßergebnissen beurteilen zu können, ist es erforderlich Grenzwerte festzulegen, anhand derer abzulesen ist, ob die festgelegten Gestaltungsziele erreicht sind oder ob weitere Iterationsschritte und Verbesserungen notwendig sind (Foley & Sibert, 1989; Dzida, 1991). Die Grenzwerte sollten möglichst vor der Evaluation und unabhängig von den aktuellen technischen Möglichkeiten definiert werden. Sie können entweder als absolute Werte definiert oder relativ zu einem Vergleichsobjekt angegeben werden.

Evaluationskriterium	Meßvariablen
Erlernbarkeit ❶❷❸❹	• Anzahl der Benutzer, die ein bestimmtes Lernziel erreichen (Effektivität) • benötigte Zeit, um ein Lernziel zu erreichen (Effizienz) • Ratingskala zur subjektiven Bewertung des Lernaufwands (Zufriedenheit)
Fehlerrobustheit ❶❷❸❹	• Anzahl der vom Benutzer korrigierten Fehler • durchschnittliche Zeit für Fehlerkorrekturen • subjektive Bewertung der Korrekturmöglichkeiten bei Fehlern
Attraktivität ❶❷❸❹	• Anzahl positiver Äußerungen • Häufigkeit der Aufmerksamkeitszuwendung im Vergleich zu anderen Geräten • Benutzungshäufigkeit über die Zeit
Selbsterklärungsfähigkeit ❶❷❸	• prozentualer Anteil, der beim ersten Versuch erreichten Ziele • benötigte Zeit beim ersten Versuch (relativ zum x-ten Versuch) • Häufigkeit und Umfang benötigter Hilfe • Nutzungsfrequenz durch neue Benutzer
Komfort, Aufgabenangemessenheit ❶❷❸	• Anzahl vermißter Funktionalität • benötigte Zeit um bestimmte Ziele zu erreichen • Anzahl erledigter Aufgaben pro Zeiteinheit • Ratingskala für subjektive Zufriedenheit • Häufigkeit von Beschwerden • Beanspruchung der Hotline
Steuerbarkeit ❶❷❸	• Anzahl von Situationen, in denen der Benutzer nicht weiß, was das Gerät erwartet • Ratingskala zum subjektiven Kontrollempfinden
Erwartungskonformität ❶❷	• Häufigkeit erfolgreicher Lerntransfers zwischen Systemkomponenten • Häufigkeit kritisierter Inkonsistenzen
Handlungsflexibilität ❶	• Häufigkeit gewünschter Handlungsalternativen

Abbildung 32: Möglichkeiten zur Messung der für den A/V-Bereich relevanten Evaluationskriterien (❶ = geringe Priorität; ❶❷❸❹ = sehr hohe Priorität).

Absolute Angaben können beispielsweise lauten:

• 90% aller Benutzer sollen eine gestellte Aufgabe mit höchstens einer zusätzlichen Hilfestellung bewältigen.

Auf Vergleichen basierende Zieleigenschaften werden formuliert wie etwa:

- Nach einer 15 minütigen Einführung müssen 80% der Benutzer in der Lage sein, einen CD-Spieler mit weniger Fehlern zu programmieren als mit einem bestimmten herkömmlichen Produkt.

Bei der Festlegung der Zielwerte muß berücksichtigt werden, daß der Benutzer in der Unterhaltungselektronik nicht gezwungen ist, sich mit Nachteilen eines Produkts zu arrangieren. Er kann in der Regel auf eine beträchtliche Anzahl von Alternativprodukten ausweichen.

Häufig ist eine Kompromißlösung zwischen Gestaltungszielen unvermeidbar. Es empfiehlt sich daher, zusätzlich einen Mindestwert zu definieren, der angibt, welches Evaluationsergebnis zugunsten anderer Produkteigenschaften noch akzeptiert werden kann. Gute Erlernbarkeit eines Systems kann häufig nur auf Kosten der Effektivität erreicht werden. In diesem Fall können dann innerhalb einer Benutzungsschnittstelle alternative Interaktionsmöglichkeiten angeboten werden, die zum einen unerfahrene und zum anderen erfahrene Benutzer unterstützen.

Aus der quantitativen Gesamtbewertung sollte sich eine Positionierung des geplanten Produkts hinsichtlich der wichtigsten Gestaltungsziele ergeben. Nicht erreichte Mindestwerte sind in jedem Fall ein Indiz, daß weitere Produktverbesserungen in Erwägung gezogen werden sollten. Iterationen sind solange durchzuführen, bis die Zielwerte bzw. Mindestwerte erreicht oder andere Abbruchkriterien aus dem Prototyping-Konzept (P-1) erfüllt sind.

4.4.3.3. Qualitative Evaluationsstrategien

Wird der Entwurf eines Produkts zum ersten Mal evaluiert, gibt es meist wenig Anhaltspunkte über sinnvolle quantitative Grenzwerte. Bei der ersten Evaluation gemessene Werte eignen sich bestenfalls als Baseline für weitere Iterationsschritte. In einem Prototyping-Ansatz ist es wichtiger, Produkteigenschaften inhaltlich zu untersuchen sowie Art und Charakteristiken auftretender Schwierigkeiten, die sich während der Bedienung des Produkts ergeben, zu analysieren und daraus Hinweise für Produktverbesserungen abzuleiten. Der potentielle Nutzen für den Benutzer, der durch solche Verbesserungen erreicht werden kann, sollte als Meßkriterium dafür dienen, ob weitere Iterationsschritte erforderlich sind oder ob zum nächsten Entwicklungsschritt übergegangen werden kann. Untersuchungsdesigns beziehen sich im wesentlichen auf:

- Expertenevaluation oder
- Benutzerbeobachtung.

4.4.3.3.1. Expertenevaluation

Bei der Expertenevaluation können der Fragenkatalog, der für die Erstellung des Feinentwurfs entwickelt wurde (D-3), und die Szenarien aus Anforderungsanalyse und Aufgabendesign (A-3) weiterverwendet werden. Mit Hilfe der Szenarien kann jeder Evaluator sämtliche Bedienungsschritte am Prototyp durchgehen und mögliche Schwierigkeiten identifizieren. Diese werden notiert und bezüglich der Gestaltungs- und Evaluationskriterien klassifiziert und nach ihrer Wichtigkeit eingestuft. In einer Gesamtbewertung gibt der Evaluator Empfehlungen, welche Aspekte der Mensch-Geräte-Schnittstelle auf jeden Fall verbessert werden müssen. Lösungsvorschläge sollten ebenfalls notiert werden.

Verbesserungsmöglichkeiten können ausfindig gemacht werden, wenn kritische Bereiche danach analysiert werden, welche Komponenten des Handlungszyklus unzureichend unterstützt sind. Schwierigkeiten bei der Handlungsplanung erfordern andere Produktänderungen als unzureichende Möglichkeiten zur Handlungsdurchführung oder Handlungskontrolle.

Die Expertenevaluation anhand der Szenarien kann allerdings nur Bedienungssituationen untersuchen, für die das Produkt ursprünglich konzipiert ist. Sie umfaßt dagegen keine Tätigkeiten und Situationen, für die sich das Produkt über das eigentliche Aufgabendesign hinaus sonst noch nutzen läßt. Bezüglich solcher Aspekte kann vor allem freie oder geführte Exploration des Prototyps durch Endbenutzer Aufschluß geben. Es kann sinnvoll sein, bewußt falsche Interaktionen einfließen zu lassen, um unvorhergesehenes Benutzerverhalten zu simulieren (Carroll & Rosson, 1991).

4.4.3.3.2. Benutzerbeobachtung

Ein Nachteil der quantitativen gegenüber der qualitativen Evaluation zeigt sich darin, daß bei der quantitativen Evaluation eine große Anzahl von Testpersonen erforderlich ist, um repräsentative Aussagen zu erhalten. Die erhaltenen Daten erlauben dann aber "nur" eine zahlenmäßige Beurteilung (z.B. über den Umfang möglicher Designprobleme). Diese können für strategische Entscheidungen zwar sinnvoll sein, aber trotz des hohen Aufwands ergibt diese Art der Untersuchung keine Hinweise über die Natur möglicher Designprobleme. Hier setzen qualitative Verfahren an. Diese erbringen mit wenigen Personen (5-10) bereits wertvolle Hinweise auf mögliche Produktverbesserungen. Repräsentativität ist hier weniger gefordert, da identifizierte Bedienungsprobleme meist nicht auf die untersuchte Benutzergruppe beschränkt sind.

Aus der Kategorisierung beobachteter Bedienungsfehler (Lewis & Norman, 1986; Frese, 1988; Zapf, 1990) läßt sich ableiten, auf welcher Ebene der Mensch-Geräte-Schnittstelle Verbesserungen notwendig sind:

- Findet der Benutzer beispielsweise nicht die Funktionen, die er erwartet, um eine bestimmte Aufgabe auszuführen, dann muß die Konzeption auf der funktionalen Ebene neu überdacht werden.
- Kann der Benutzer die relevanten Funktionen zwar richtig identifizieren, macht aber bei der Ausführung Fehler oder weiß an bestimmten Stellen nicht weiter, dann müssen die syntaktische Konzeption und die Dialogstruktur der Anwendungsfunktionalität noch einmal überprüft werden.
- Werden schließlich ungewöhnlich viele Eingabe- und Flüchtigkeitsfehler produziert, läßt das auf unangemessene Eingabegeräte schließen (z.B. wenn ein Benutzer die Zeigerpositionierung mit einem Zeigegerät nicht beherrscht). Hier muß über alternative Interaktionsmöglichkeiten nachgedacht werden.

Trotz der wichtigen Erkenntnisse, die sich aus qualitativen Auswertungen ergeben, darf nicht vergessen werden, daß sie keine sicheren Aussagen darüber erlauben, ob die von den untersuchten Personen bewältigten Aufgaben von anderen Benutzergruppen genauso gut bewältigt werden. Es ist immer denkbar, daß andere Benutzer auch noch für andere Fehler anfällig sind. Hier empfiehlt es sich, Personen einzubeziehen, die aufgrund fehlenden Vorwissens möglicherweise die meisten Bedienungsprobleme haben.

Für die Durchführung von Benutzerbeobachtungen muß zunächst entschieden werden, welche und wieviele Personen in die Evaluation einbezogen werden sollen, in welchem Rahmen (Labor oder Feld) die Untersuchung stattfinden und wie das genaue Untersuchungsdesign aussehen soll. Ausführliche Details über den Aufbau verschiedener experimenteller Designs finden sich zum Beispiel bei Bortz (1984) und Selg (1975).

Bei der Planung von Beobachtungsmaßnahmen ist es erforderlich, bereits vor der Untersuchung ein Klassifikationsschema zu entwickeln, das die interessierenden Verhaltenskategorien festlegt. Da es oftmals schwierig ist, diese Verhaltenskategorien im voraus zu bestimmen, empfiehlt es sich, einige Personen in Testläufen vorab zu beobachten und aus diesen Erfahrungen das Klassifikationsschema zu entwickeln. Ferner ist festzulegen, wann Häufigkeiten, Dauer oder Ereignisbeschreibungen protokolliert werden sollen. Beobachtungs- und Protokolliersoftware (z.B. EVA II, Vossen, 1991) bieten hier vielfältige Unterstützungsmöglichkeiten, um Abhängigkeiten und Verläufe von Ereignissen zu kontrollieren.

Wenn Tonband- oder Videoaufzeichnungen erstellt werden, fällt die Datenauswertung im allgemeinen sehr aufwendig aus. Hier werden noch effiziente Werkzeuge benötigt, um solche sequentiell anfallenden Datenmengen leichter auszuwerten. Im Zuge der multimedialen Datenverarbeitung werden in naher Zukunft aber geeignete Werkzeuge zur Verfügung stehen, die einen Direktzugriff auf beliebig kodierte Bilddaten ermöglichen.

5. Anwendungsbeispiel - ein integriertes Audio/Video-System

Die Umsetzung der im vorhergehenden Kapitel erörterten Vorgehenssystematik wird im folgenden anhand der Entwicklung eines integrierten Audio/Video-Systems demonstriert. Ausschlaggebend für die Wahl des Anwendungsbereichs Unterhaltungselektronik waren folgende Überlegungen:

- Bei Herstellern von Produkten der Unterhaltungselektronik setzt sich die Erkenntnis durch, daß die Benutzungsschnittstellen sehr vieler Produkte heute zu kompliziert und zu wenig benutzergerecht gestaltet sind (Brouwer-Janse, 1992). Insbesondere die Programmierung von Videorekordern stellt ein herausragendes Problem dar, das dringend neuer Lösungsansätze bedarf.
- Gleichzeitig ist durch die technischen Möglichkeiten des Datenaustauschs zwischen Geräten und das erweiterte Leistungspotential der eingesetzten Elektronik heute ein hohes Innovationspotential vorhanden, das für benutzergerechtere Lösungen genutzt werden sollte.

Ein Schwerpunkt der Arbeit lag auf der Video-Komponente, da hier ein sehr großer Verbesserungsbedarf vorliegt und der größte Nutzen für den Benutzer zu erwarten war. Bei der Entwicklung der Benutzungsschnittstelle für TV, CD und DV wurden vorwiegend solche Aspekte bearbeitet, die für das Zusammenspiel der Geräte unter Konsistenz- und Transfergesichtspunkten interessant waren.

5.1. Anforderungsanalyse für ein integriertes Audio/Video-System

5.1.1. Ausgangssituation

5.1.1.1. Neue technologische Leistungspotentiale

Bei der Neugestaltung der Benutzungsschnittstelle wurden technologische Neuerungen angenommen wie die Verfügbarkeit eines Zeigeinstruments für den TV-Bildschirm, graphische Darstellungsmöglichkeiten auf dem Bildschirm sowie Sender- und Empfangseinheiten zum Informationsaustausch zwischen einzelnen Geräten. Davon ausgehend wurden folgende Leistungsmerkmale des neuen Produkts festgelegt:

- Die Fernbedienung soll mit möglichst wenig Tasten ausgestattet sein.
  Da der Bildschirm zur Präsentation von Funktionen, zur Darstellung der Benutzereingaben und sämtlicher visuellen Systemausgaben zur Verfügung stand, wurde zunächst von nur einer einzigen Eingabetaste ausgegangen. So konnte die Akzeptanz der Benutzer auf eine Extremlösung untersucht werden. Es wurde angenommen, daß das Design weniger umgestellt

werden muß, wenn bei Bedarf im Nachhinein weitere Tasten eingeführt
werden, als wenn Tasten entfernt werden.

- Das System soll über graphische Interaktion (Zeigen und Auswählen) am
  TV-Bildschirm bedienbar sein.
- Die Benutzungsschnittstelle integriert mehrere Geräte gleichzeitig
  (mindestens TV, VCR, CD und DV).
- Die Benutzungsschnittstelle ist modular erweiterbar und individuell
  konfigurierbar.

Um festzustellen, welche Auswirkungen daraus für die Gestaltung der Mensch-
Geräte-Interaktion erwachsen, wurden diese Neuerungen mit Hilfe der Checkliste
zur benutzerorientierten Bewertung neuer Leistungsmerkmale (vgl. Kap. 4.2.1)
analysiert.

Wie aus der Bewertung ersichtlich ist (vgl. Abbildung 33), können sich die Leistungsmerkmale unterschiedlich günstig auf die Benutzungsschnittstelle auswirken. Auch störende Einflüsse auf die Bedienbarkeit des A/V-Systems sind denkbar. Es ergaben sich daher mehrere Schlußfolgerungen:

Es war festzulegen:
- ob davon ausgegangen werden kann, daß sich alle Geräte in einem Raum
  befinden, und
- wieviele Personen das A/V-System gleichzeitig nutzen sollen.

Bei der Gestaltung und Evaluation war besonders darauf zu achten:
- ob eine Minderung der Bedienungseffektivität gegenüber herkömmlichen
  Produkten verhindert werden kann, oder ob es beispielsweise notwendig ist,
  wichtige Direktwahltasten aus Effektivitätsgründen am Eingabegerät zu
  erhalten,
- ob die Komplexität auch auf dem Bildschirm reduziert werden kann,
- ob die Erlernbarkeit und Konsistenz verbessert wird,
- ob der Benutzer von Aktivitäten entlastet wird, die durch die Integration
  automatisiert werden können.

<table>
<tr><td colspan="2" align="center">Benutzerorientierte Bewertung neuer Leistungsmerkmale für
ein integriertes A/V-System</td></tr>
<tr>
<td>Leistungsmerkmal:
Geringe Anzahl von Tasten auf der Fernbedienung</td>
<td>Gewichtung:
3=wichtig</td>
</tr>
<tr>
<td>Vorteile:<ul><li>Übersichtlicheres Bedienungsinstrument</li><li>Stark vereinheitlichte Bedienung (nur Zeigen und Auswählen)</li><li>keine Mehrfachbelegungen von Tasten, keine Eingabemodi</li></ul></td>
<td>Nachteile:<ul><li>Komplexität unter Umständen nur auf Bildschirm verlagert</li><li>Bedienung könnte verlangsamt werden</li></ul></td>
</tr>
<tr>
<td>Bewertung:
✔ Verbesserte Erlernbarkeit</td>
<td>Bewertung:
✘ Komplexität kann Lernvorteile wieder reduzieren
✘ Effektivität könnte sinken</td>
</tr>
<tr>
<td>Leistungsmerkmal:
Graphische Interaktion über TV-Bildschirm</td>
<td>Gewichtung:
4=sehr wichtig</td>
</tr>
<tr>
<td>Vorteile:<ul><li>Benutzer kann alle Bedienungsfunktionen sehen und auswählen</li><li>Erweiterte Präsentationsmöglichkeiten (Piktogramme, unmittelbares, dynamisches Feedback, Systemmeldungen, etc.)</li><li>Information am Bildschirm ist besser erkennbar als auf LCDs (besonders bei Sehschwächen)</li></ul></td>
<td>Nachteile:<ul><li>Geräte können nur in räumlicher Nähe zum TV-Bildschirm genutzt werden</li></ul></td>
</tr>
<tr>
<td>Bewertung:
✔ gesteigerte Erlernbarkeit (Auswählen statt aktiv Erinnern)
✔ hohe Selbsterklärungsfähigkeit</td>
<td>Bewertung:
➽ Einschränkung der Handlungsflexibilität</td>
</tr>
<tr>
<td>Leistungsmerkmal:
Integrierte Steuerung mehrerer Geräte gleichzeitig</td>
<td>Gewichtung:
2=teilweise wichtig</td>
</tr>
<tr>
<td>Vorteile:<ul><li>Benutzer muß innerhalb einer Tätigkeit nicht mehr zwischen Bedienungsarten verschiedener Geräte wechseln</li><li>Gerätesynchronisation kann automatisch erfolgen (z.B. Sendereinstellung bei TV und VCR; gemeinsame Ausschalttaste für das komplette System)</li></ul></td>
<td>Nachteile:<ul><li>Konflikte bei Mehrbenutzer-Bedienung möglich</li></ul></td>
</tr>
<tr>
<td>Bewertung:
✔ Verbesserte Erlernbarkeit und Konsistenz
✔ Verbesserte Effektivität</td>
<td>Bewertung:
✘ Einschränkung der Aufgabenangemessenheit und Handlungsflexibilität</td>
</tr>
<tr>
<td>Leistungsmerkmal:
Modulare Erweiterbarkeit und individuelle Konfigurierbarkeit</td>
<td>Gewichtung:
3=wichtig</td>
</tr>
<tr>
<td>Vorteile:<ul><li>Neu angeschlossene Geräte sind automatisch in die vorhandene Benutzungsschnittstelle integrierbar.</li><li>Die Benutzungsschnittstelle zeigt immer nur die tatsächlich vorhandenen Geräte und die dafür benötigten Bedienungselemente.</li><li>Werden Geräte entfernt, verschwinden automatisch auch die zugehörigen Bedienungselemente an der Benutzungsschnittstelle.</li></ul></td>
<td>Nachteile:<ul><li>Gefahr hoher Komplexität bei sehr vielen angeschlossenen Einzelgeräten</li></ul></td>
</tr>
<tr>
<td>Bewertung:
✔ Verbesserte Individualisierbarkeit
✔ Erhöhte Erwartungskonformität</td>
<td>Bewertung:
✘ Komplexität kann Lernvorteile wieder reduzieren
✘ Effektivität könnte sinken</td>
</tr>
</table>

Abbildung 33: Bewertung neuer Produktkomponenten des integrierten A/V-Systems
Gewichtung: 0=unwichtig, keine Auswirkung auf Bedienungsfreundlichkeit, 4=sehr wichtig, sehr große Auswirkung auf Bedienungsfreundlichkeit;
Bewertung: ✔=positiv, ✘=negativ, ➽=weder positiv noch negativ.

5.1.1.2. Benutzerfreundlichkeit heutiger Audio/Video-Systeme

5.1.1.2.1. Exploration der Selbsterklärungsfähigkeit

Da systematische Analysen der Benutzungsschnittstelle von A/V-Geräten bislang nicht verfügbar waren, wurden mehrere Geräte mittels kontrollierter, explorativer Interaktion (vgl. Kap. 4.2.2) untersucht. Dabei wurden acht Videorekorder verschiedener Hersteller aus unterschiedlichen Preis- und Leistungskategorien sowie ein CD-Spieler auf Vor- und Nachteile bei der Bedienung untersucht. Außerdem wurden Benutzermanuale analysiert, um die Reichweite und Bandbreite der Funktionen festzustellen, die in aktuellen, vergleichbaren Geräten vorhanden sind und als bedeutsam für den Benutzer eingestuft werden. Die folgende Abbildung beschreibt exemplarisch Analyseergebnisse für eines der untersuchten Geräte und die entsprechenden Verbesserungsvorschläge.

Die Analyse ergab einige wichtige Hinweise auf notwendige Verbesserungen für ein neues A/V-System:

- Zum Beispiel wurden drei verschiedene Aufnahme-Modalitäten innerhalb eines Systems identifiziert. Die unterschiedlichen Programmiertechniken für Sofortaufnahme, Aufnahmen mit Zeitangaben in halbstündigen Intervallen und die Timerprogrammierung stellen bedeutsame Fehlerquellen dar.
- Eine andere wichtige Fehlerquelle ist die Schwierigkeit zu erkennen, ob ein Video-Programmier-Signal (VPS) von einem bestimmten Sender ausgestrahlt wird oder nicht. Diese Information ist aber erforderlich, um bei einer Programmierung überhaupt erst entscheiden zu können, ob die Voreinstellung "Aufnahme mit VPS" abgeschaltet werden muß. Ansonsten wartet das Gerät vergeblich auf ein Signal und führt die Aufnahme nicht durch.
- Die Verwechslungsgefahr des VPS-Codes mit der Darstellung einer Analoguhr führt durch völlig identische visuelle Repräsentationen ebenfalls zu Bedienungsschwierigkeiten, was bei Befragungen bestätigt wurde. Zum Beispiel programmierten Benutzer gewünschte Sendungen mit Hilfe des VPS-Codes. Es wurde ihnen aber nicht klar, daß sie den Code, der genauso wie eine Zeitangabe geschrieben wird, nur alternativ zur Zeitprogrammierung eingeben konnten. Da sie ganz sicher gehen wollten, ließen sie die Aufnahme einige Minuten vorher beginnen und gaben somit einen falschen VPS-Code ein. Da sich das Gerät zum gewünschten Zeitpunkt nicht einschaltete, wurde die Unsicherheit des Benutzers verstärkt, und er kombinierte das nächste Mal wieder beide Techniken miteinander, ohne zum erwarteten Erfolg zu kommen.
- Manche Video-Geräte starten die Aufnahme zu einer festgelegten Zeit nicht, wenn das Gerät nicht explizit in den Stand-by-Modus geschaltet wurde. Da

der Benutzer an keiner Stelle daran erinnert wird, wird das Ziel ebenfalls sehr häufig nicht erreicht.

Kontrollierte explorative Interaktion und Exploration des Benutzermanuals zu VCR-A	
Bedienungselement / Funktion: Taste "Ein/Aus"	
Bewertung: OK; auf dem Display des Geräts erscheint als Feedback die Uhrzeit und das momentan eingestellte Programm	**Gewichtung:** 0 **Relevant für:** E/A-Ebene
Hinweise im Handbuch: keine weitere Erläuterung erforderlich	
Verbesserungsvorschlag: nicht erforderlich	
Bedienungselement / Funktion: Taste "Display"	
Bewertung: nicht deutlich genug, daß mehrfaches Drücken notwendig ist; einzelne Informationsanzeigen sind verständlich	**Gewichtung:** 1 **Relevant für:** E/A-Ebene
Hinweise im Handbuch: mehrfaches Drücken wechselt zwischen verschiedenen Anzeigen (Zählwerk, eingestellter Cassetten-Typ mit Restspielzeit, Uhrzeit)	
Verbesserungsvorschlag: deutsche und verständlichere Bezeichnung verwenden, z.B. "Anzeige wechseln"	
Bedienungselement / Funktion: Taste "Timer 1-8"	
Bewertung: hier ist deutlich, daß durch mehrfaches Drücken verschiedene Timer erreicht werden können	**Gewichtung:** 1 **Relevant für:** E/A-Ebene
Hinweise im Handbuch: Mehrfaches Drücken wechselt zwischen 8 Timern	
Verbesserungsvorschlag: die Bezeichnung "Timer" hat sich offensichtlich bei Videogeräten durchgesetzt, eine deutsche Bezeichnung wie z.B. "Programmplatz 1-8" wäre sicher verständlicher	
Bedienungselement / Funktion: Programmierung eines Timers	
Bewertung: die Programmierung ist durch die Vorgaben des Gerätes verständlich, die nächste Eingabe wird automatisch durch das Blinken des entsprechenden Feldes vorgegeben	**Gewichtung:** 1 **Relevant für:** E/A-Ebene
Hinweise im Handbuch:	
Verbesserungsvorschlag: die Eingabesequenz ist fest vorgegeben; für Korrekturen sollte flexibles Anspringen der Eingabefelder ermöglicht werden	
Bedienungselement / Funktion: Taste 9 / "wöch"	
Bewertung: die Taste zeigte keine Wirkung; es blieb unklar wie eine wöchentliche Wiederholung einer Aufnahme eingestellt werden konnte	**Gewichtung:** 2 **Relevant für:** Syntaktische Ebene
Hinweise im Handbuch: die Funktion kann nur vor der Eingabe der Daten für eine Timerprogrammierung ausgelöst werden	
Verbesserungsvorschlag: die Eingabesequenz ist fest vorgegeben, aber nicht nachvollziehbar; die Funktion sollte jederzeit während der Timerprogrammierung aktivierbar sein	

Abbildung 34: Anwendungsbeispiel für die "Kontrollierte explorative Interaktion" eines Videorekorders; die Gewichtung beschreibt den Änderungsbedarf zur Verbesserung der Bedienungsfreundlichkeit des Produkts (Gewichtung: 0=kein Änderungsbedarf; 1=sollte deutlicher sein; 2=nur z.T. verständlich; 3=nicht verständlich.).

Gute Lösungsbeispiele, die in die neue Mensch-Geräte-Schnittstelle einfließen sollten, konnten ebenfalls identifiziert werden. Dazu gehören z.B.

- eine Visualisierung der Zufallsauswahl beim CD-Spieler, die durch abwechselndes Einblenden einzelner Tracknummern den Eindruck vermittelt, als würden die CD-Tracks vor den Augen des Benutzers gemischt. Diese Lösung wurde als besonders anschaulich bewertet. Durch ihren spielerischen Charakter weist sie eine Bedienungseigenschaft auf, die gerade bei Verbraucherprodukten immer häufiger als notwendig herausgestellt wird. Der Benutzer möchte Spaß haben und die Bedienung nicht als schwierige Aufgabe empfinden.

5.1.1.2.2. Funktionsanalyse heutiger Audio/Video-Komponenten

Eine detailliertere Analyse der Bedienungsanleitungen von insgesamt 37 Videorekordern 16 verschiedener Hersteller brachte bei vergleichbarer Funktionalität eine Vielzahl inkonsistenter Implementierungsformen zutage wie die nächste Abbildung zeigt. Nur wenige Funktionen sind bei mehr als 75% der Geräte einheitlich zu bedienen. Ansonsten ist eher Vielfalt charakteristisch. Die Funktion "Stop" hatte beispielsweise 5 unterschiedliche Effekte, wobei die häufigste Implementierungsform immerhin bei 70% der untersuchten Geräte realisiert war. Bei anderen Gerätetypen dürften ähnliche Analysen kaum anders ausfallen. In dieser Inkonsistenz sind neben einigen konzeptionellen Schwachstellen (vgl. Kap. 5.1.1.2.1) die Ursachen für die großen Bedienungsschwierigkeiten der Benutzer zu suchen. Die Ergebnisse machen deutlich, weshalb die Akzeptanz der Mensch-Geräte-Schnittstelle von Video-Geräten trotz hoher Marktdurchdringung heute noch sehr niedrig ist.

Für die Entwicklung des neuen A/V-Systems ergab sich daraus die Konsequenz, daß von den bisherigen Realisierungen kaum Konzepte in das Design der neuen Benutzungsschnittstelle übernommen werden können, da entweder keine standardisierten Komponenten existieren oder die bisherigen Lösungen teilweise auf anderen technischen Randbedingungen aufbauen. Am ehesten eignen sich noch die Bezeichnungen bestimmter Funktionen und deren Symbole zur Übernahme in die neue Benutzungsschnittstelle.

Weil das zu gestaltende A/V-System verschiedene Geräte innerhalb einer Benutzungsschnittstelle integrieren sollte, wurde die Funktionalität der verschiedenen Komponenten auch daraufhin analysiert, welche Gemeinsamkeiten zwischen den Geräten bestehen und welche Funktionen in einer einheitlichen Weise gestaltet werden könnten. Zum Beispiel sollte das Abspielen eines Videobandes mit dem Abspielen einer CD weitgehend identisch sein.

Außerdem mußten erweiterte Funktionalitäten berücksichtigt werden, die sich aus der Integration der Geräte neu ergaben:
- der Benutzer sollte die Möglichkeit bekommen, alle Geräte in einem einzigen Schritt abzuschalten, statt jedes Gerät einzeln ausschalten zu müssen,
- die Sendereinstellungen für TV und VCR sollten nicht mehr getrennt vorgenommen werden müssen,
- der aktuelle TV-Sender kann für Sofortaufnahmen beim VCR bereits voreingestellt werden.

Funktion	Implementierungs-formen	Häufigkeit (%)				
Auswurf / Eject	4	83,8	8,1	5,4	2,7	
Wiedergabe / Play	2	100	13,5			
Stop	5	70,3	10,8	10,8	5,4	2,7
Wiedergabe (mit variablen Geschwindigkeiten)	3	29,7	16,2	13,5		
Schnellvorlauf / Fast Forward	3	16,2	13,5	5,4		
Zeitlupe / Slow Play Forward	5	21,6	18,9	16,2	5,4	2,7
Pause	4	81,1	10,8	5,4	2,7	
Bildweise vorwärts / Frame Advance	3	51,3	40,6	8,1		
Suchbild vorwärts, rückwärts	4	89,2	5,4	2,7	2,7	
Bandanzeige, Zählwerk	5	21,6	21,6	18,9	18,9	18,9
Reset	4	40,5	21,6	5,4	2,7	
Bandlängen-Eingabe	5	21,8	19,1	8,2	8,2	2,7
Automatische Markierung setzen	1	53,2				
Manuelle Markierung setzen	1	21,3				
Markierung löschen	3	13,5	2,7	2,7		
Markierung suchen	3	35,1	16,2	5,4	8,1	
Gehe zu Zählwerkposition	3 (mit 16 versch. Bezeichnungen)	56,7	37,8	5,4		
Timer Aufnahme	5	35,1	29,7	18,9	13,5	2,7
Timerselektion	6 (mit 16 versch. Bezeichnungen)	45,9 2,7	37,8	5,4	5,4	2,7
Dateneingabe	7	48,6 2,7	18,9 2,7	13,5	5,4	2,7
Timer-Datensequenz	14	27 8,1 2,7	10,8 5,4 2,7	8,1 5,4 2,7	8,1 2,7 2,7	8,1 2,7
Aufnahmewiederholung	5	44,1	23,5	14,7	8,8	5,9
Abschließen der Timer Aufnahme	6	45,9 2,7	18,9 8,1	13,5	5,4	5,4
Timer Aufnahmedaten ändern	5	48,6	18,9	16,2	5,4	2,7
Timer Aufnahmedaten löschen	2 (mit 12 versch. Bezeichnungen)	83,8	8,1			
Sendersuche	14	16,2 5,4 2,7	10,8 2,7 2,7	8,1 2,7 2,7	5,4 2,7 2,7	5,4 2,7
Wahl des Frequenzbandes	3	70,2	26,5	2,7		
Direkte Programmwahl	3	92	5,4	2,7		

Abbildung 35: Übersicht zur Inkonsistenz der Mensch-Geräte-Interaktion bei Videorekordern. Die Summe der Prozentangaben für die Häufigkeit der Implementierungsformen innerhalb einer Funktion ist kleiner 100, wenn nicht alle untersuchten Geräte eine bestimmte Funktion anbieten; in Einzelfällen ist die Summe größer 100, d.h. eine Funktion liegt innerhalb eines Geräts in mehreren Implementierungsformen gleichzeitig vor.

5.1.1.2.3. Benutzerworkshops

Im Zusammenhang mit der Analyse der Benutzerfreundlichkeit heutiger A/V-Komponenten konnten vereinzelte Ergebnisse aus Marktforschungsstudien herangezogen werden, die die Vorlieben der Benutzer bezüglich der Priorität bestimmter Funktionen, notwendiger Eigenschaften einer Fernbedienung, usw. untersuchten. Dabei handelte es sich um informelle Workshops, zu denen Benutzer eingeladen wurden, um die Eigenschaften herkömmlicher Produkte (TV, VCR) zu diskutieren. Folgende Funktionen und Charakteristika wurden daraus als besonders wichtig für künftige Produktentwicklungen abgeleitet:

Gewünschte Funktionalität:
- Stummschaltung,
- Zweitbild-Funktionalität (picture in picture = pip),
- Konfigurierbarkeit und Individualisierbarkeit des Displays,
- Zurückschalten zum vorherigen Programm.

Gewünschte Bedienungsmerkmale:
- ausreichend große Tasten,
- ausreichender Abstand zwischen den einzelnen Tasten,
- klares Feedback auf das Drücken einer Taste,
- Komplexitätsreduktion der Tasten von Fernbedienungen,
- Auswahlmenüs, die zentrale Bildschirminhalte nicht verdecken,
- leichteres Programmieren des VCR,
- leichtes Hin- und Herschalten zwischen Programmen,
- schrittweise Benutzerführung,
- visuelle Präsentation der aktuellen Sender und Programme,
- funktionale Anordnung und Gruppierung der Tasten,
- bessere Verständlichkeit von Funktionen auf den ersten Blick.

5.1.2.   Technische Randbedingungen

Die folgende Tabelle faßt die technischen Randbedingungen zusammen (vgl. Kap. 4.2.3). Das integrierte A/V-System wurde als High-End-System mit einem völlig neuen Bedienungskonzept ausgelegt. Auf Konsistenz und Kompatibilität zu Low-End- oder Midrange-Geräten mußte in diesem Fall nicht geachtet werden. Restriktionen bezüglich Speicherbedarf und Performanz des Zielsystems waren nicht bekannt.

High-End A/V-System	
Eingabeelemente	
Art und maximale Anzahl der Tasten am Gerät	je eine Taste für Ein/Aus bei TV, VCR, DV, CD
Art und maximale Anzahl der Tasten auf der Fernbedienung	eine Selektionstaste
Sonstige Eingabeinstrumente	Auswahlzeiger am TV-Bildschirm gesteuert über Zeigeinstrument
Ausgabeelemente	
Bildschirmanzeige	Anzeige sämtlicher Ein- u. Ausgabeinformationen (einschl. Pushbuttons, Piktogrammen, Schiebe-regler, etc.)
sonstige Ausgabeelemente	Stereolautsprecher
Prozessor	
Leistungsvermögen	Endsystem nicht spezifiziert
Speicher	
Kapazität	Endsystem nicht spezifiziert
Sonstige Vorgaben	
	Modularität; einzelne Geräte sollen ohne manuelle Anpassungen an der Benutzungs-schnittstelle hinzugefügt oder entfernt werden können

Abbildung 36: Technische Randbedingungen des integrierten A/V-Systems.

5.1.3.   Benutzer eines integrierten Audio/Video-Systems

5.1.3.1.   Benutzungscharakteristika

Die Identifikation potentieller Benutzer und ihrer Anforderungen an die Benutzungsschnittstelle wurden mit Hilfe der Checkliste zur Charakterisierung relevanter Benutzergruppen (vgl. Kap. 4.2.4.1) vorgenommen. Die Ergebnisse in der folgenden Abbildung machen deutlich, auf welche z.T. unterschiedlichen Interessen
das Design abgestimmt sein muß. Im vorliegenden Fall haben die Benutzergruppen zwar verschiedene Schwerpunkte bezüglich der Funktionalität, die Anforderungen hinsichtlich des Bedienungskonzepts und der Bedienungsfreundlichkeit
weisen aber in dieselbe Richtung.

Benutzerbeschreibung für ein integriertes Audio/Video-System	
Benutzergruppen	**Beschreibung**
direkte Benutzer:	**Besondere Charakteristika:** i.a. geringes technisches Wissen; z.T. schlechtes Sehvermögen; Benutzung auch bei schlechten Lichtverhältnissen z.B. abends. **Aufgaben und Ziele:** Fernsehen, Sendungen direkt oder programmiert aufzeichnen und wiedergeben; CDs vollständig oder in programmierten Sequenzen abspielen; einheitliche Steuerung aller Komponenten. **Anforderungen an die Mensch-Geräte-Schnittstelle:** hohe Selbsterklärungsfähigkeit und gute Benutzerführung; gute Lesbarkeit der dargestellten Information auch bei Dunkelheit; nur ein Bedienungsinstrument.
mittelbare Benutzer:	das System soll so gestaltet sein, daß jeder Interessierte damit umgehen kann; mittelbare Benutzer müssen nicht gesondert berücksichtigt werden.
Installations- u. Wartungspersonal:	**Besondere Charakteristika:** technisch ausgebildet; müssen mit einer Vielzahl von Geräten arbeiten, auch wenn diese nicht im Detail bekannt sind; haben meist auch keinen Zugriff auf Bedienungsmanuale. **Aufgaben und Ziele:** Senderkanäle müssen eingestellt werden und müssen leicht veränderbar sein; TV-Gerät und VCR-Gerät müssen von der Sendereinstellung aufeinander abgestimmt werden. **Anforderungen an die Mensch-Geräte-Schnittstelle:** hohe Selbsterklärungsfähigkeit und gute Benutzerführung; hohe Konsistenz zwischen einzelnen Komponenten; Verwendung von Standarddialogelementen des Anwendungsbereichs.
Käufer:	**Besondere Charakteristika:** meist gut über Funktionalität informiert; interessiert sich für ein Gerät nur, wenn es unmittelbar verständlich und ohne Hilfestellung bedienbar ist. **Aufgaben und Ziele:** Verfügbare Funktionalität beurteilen; Bedienungskonzept verstehen; Vor- und Nachteile zwischen Alternativprodukten abwägen. **Anforderungen an die Mensch-Geräte-Schnittstelle:** hohe Selbsterklärungsfähigkeit, gute Benutzerführung; gute Transparenz der Funktionalität (Übersichtliche Präsentation; verständliche Funktionsbezeichnungen; leichter Zugriff auf die anderen Komponenten und deren Funktionalität).
Verkäufer:	**Besondere Charakteristika:** z.T. technisch ausgebildet; arbeiten mit einer Vielzahl von Geräten; Verkaufsgespräche erfordern überzeugenden Umgang in der Bedienung und erlauben keinen Zugriff auf Bedienungsmanuale. **Aufgaben und Ziele:** Funktionalität und Bedienung anderen verständlich demonstrieren; Vorteile gegenüber anderen Produkten herausstellen. **Anforderungen an die Mensch-Geräte-Schnittstelle:** hohe Selbsterklärungsfähigkeit und gute Benutzerführung, hohe Konsistenz zwischen einzelnen Komponenten, Verwendung von Standarddialogelementen des Anwendungsbereichs.

Abbildung 37: Analyse relevanter Benutzergruppen und ihrer Interessen bezüglich der Benutzungsschnittstelle eines integrierten A/V-Systems.

5.1.3.2. Benutzungsszenarien und Handlungsmodelle

Anhand der bisher erarbeiteten Anforderungen an das integrierte A/V-System wurde eine Reihe von Szenarien für die Benutzung der Komponenten (TV, VCR, CD, DV) entwickelt (vgl. Anhang). Sie wurden nach einem einheitlichen Beschreibungsmuster (vgl. Kap. 4.2.4.2) zusammengestellt. Gemäß vorausgegangener Entscheidungen (vgl. Kap. 5.1.1.1) wurden nur Szenarien entwickelt, die einen einzelnen Benutzer vorsehen, der alle Gerätekomponenten in einem Raum untergebracht hat. Da das A/V-System nachträglich um die Möglichkeit erweitert wurde, mindestens ein zweites Fernsehbild einzublenden, wurden auch die Szenarien entsprechend ergänzt (T5, T6, T7, T8, V3).

Sämtliche Szenarien wurden mit Benutzern diskutiert und mit Hilfe des GOMS-Ansatzes (vgl. Kap. 4.2.4.3) modelliert. Die folgende Abbildung zeigt einen exemplarischen Ausschnitt aus den Analysen. Eine vollständige Darstellung der GOMS-Modelle ist im Anhang zu finden.

Aufgabe T5:

Sie haben die Möglichkeit gleichzeitig zwei Programme anzusehen, eines in Normalgröße und eines stark verkleinert. Bitte schalten Sie den Fernseher so ein, daß Sie das ARD-Programm in Normalgröße und das ZDF-Programm verkleinert sehen können.

```
Goal:   Tätigkeit entsprechend der Aufgabe T5
        Goal:     Programm des Hauptbilds (HB) wählen
                  Methode:    Programmwahl
        Goal:     Programm des Zweitbilds (ZB) wählen (Methode Programmwahl ZB)
                  Goal:       Auf ZB-Anwahl schalten
                              Operator:   ZB-Umschalttaste (Wahl der ZB-An-Schaltung)
                              Operator:   Prüfen, daß Betätigung der ZB-An-Schaltung
                                          akzeptiert wurde
                              Methode:    Programmwahl

        Goal:     Programm wählen (Methode: Programmwahl)
                  Operator:   Wahl der Programm-Ziffer (Programmkennung)
                  Operator:   Erkennen des Programmnamens (Erkennen des eingestellten
                              Programms)
                  Operator:   Überprüfen, ob gewünschtes Programm eingestellt ist
```

Abbildung 38: GOMS-Modellierung eines Tätigkeitsszenarios für das TV-Gerät.

Die Modellierungen wurden mit dem Ziel durchgeführt, von technischen Gegebenheiten weitgehend unabhängige, kognitive Tätigkeitsbeschreibungen zu erhalten, aus denen konkrete Hinweise auf benutzergerechte Dialogabläufe abgeleitet werden können. Sie sind insofern bedeutsam für das Grobdesign, als die Benutzer selbst am besten über ihre Handlungskonzepte Auskunft geben können. Diese Angaben sind als Minimalanforderungen an die Benutzungsschnittstelle zu verstehen. Es bleibt den Designern unbenommen, zusätzliche Bedienungsmöglichkeiten einzubauen. Als Nebeneffekt ergaben sich aber auch zahlreiche Hinweise, die im Rahmen der Dialogfeingestaltung berücksichtigt werden konnten (vgl. Kap. 5.1.3.2.1-5.1.3.2.2).

Insgesamt wurden vier Personen (zwei männlich, zwei weiblich) im Alter von 24, 25, 26 und 48 Jahren befragt. Alle Personen hatten mit Videorekordern und Fernsehern der gehobenen Ausstattungsstufe keine Erfahrung. Zwei Personen hatten Erfahrungen mit CD-Playern einer niedrigen Ausstattungsstufe. Die geringe Vertrautheit der befragten Personen mit modernen A/V-Systemen war in diesem

Zusammenhang beabsichtigt. Dennoch waren die Antworten der befragten Personen nicht grundsätzlich frei von technisch geleiteten Lösungsansätzen. Das war zu erkennen, wenn bestimmte Realisierungstechniken, zum Beispiel Ziffern, Tasten u.ä., genannt wurden. Bekannte Grundfunktionen eines Cassetten-Rekorders wurden häufig für Analogien herangezogen. In den GOMS-Modellen selbst wurden technisch begründete Vorgaben soweit als möglich durch neutrale Konzepte ersetzt. Zum Beispiel wurde "Wahl der Programmziffer" durch "Wahl der Programmkennung" ausgetauscht. In jedem dieser Fälle ist zu prüfen, ob die künftige Benutzungsschnittstelle angemessenere technische Lösungen oder alternative Interaktionsmöglichkeiten zuläßt.

Besonders hilfreich war, daß in den Gesprächen mit den Benutzern nicht nur Hinweise zur Strukturierung der jeweiligen Tätigkeit erarbeitet wurden, sondern auch weitere Funktionalitäten genannt wurden. Im folgenden sind die wichtigsten Erkenntnisse aufgeführt, die sich aus den Analysen für den Grobdialog und die Dialogfeinstruktur ergaben.

5.1.3.2.1. Anforderungen an das generelle Dialogkonzept

An dieser Stelle wird lediglich auf Besonderheiten zu einzelnen Szenarien eingegangen. Die GOMS-Modelle sind aber im Anhang vollständig aufgeführt sind. Die Szenarien T1-T10 beziehen sich dabei auf die TV-Bedienung, V1-6 auf das VCR- und C1-C6 auf das CD- und DV-Gerät.

Bei Szenario T1 wurde das Einschalten des TV-Geräts von den Befragten nicht gesondert erwähnt. Sie schienen diese Funktion beim Auslösen der Programmwahl zu implizieren.

<u>Forderung an das Design der Benutzungsschnittstelle:</u>
Multiple Möglichkeiten zum Einschalten des Systems vorsehen. Jedes Einzelgerät sollte zusätzlich zu einer expliziten Einschaltfunktion bei der ersten Benutzerinteraktion möglichst automatisch eingeschaltet werden.

Das Szenario T4 zielt auf den Unterschied zwischen einer beliebig neuen Programmwahl und der Wahl eines vorher bereits selektierten Programms ab. Während von der Handlungsplanung her kein Unterschied in der Anzahl der Schritte zu bestehen scheint, kann auf der syntaktischen Ebene ein unterschiedlich großer Interaktionsaufwand verborgen sein. Zum Beispiel kann die Wahl eines neuen Programms aus einer sehr großen Programmanzahl aufwendiger werden, als die Wahl über das Kommando "letztes Programm anzeigen". Diese Abkürzungsmöglichkeit war im Handlungsmodell der Benutzer nicht enthalten, während sie bei einer Befragung über vermißte Funktionalitäten (vgl. Kap. 5.1.1.2.3) verlangt wurde.

<u>Forderung an das Design der Benutzungsschnittstelle:</u>
Funktionalität für direkten Rücksprung zum letzten Sender sollte berücksich-
tigt werden. Es sollte aber bei der Evaluation geprüft werden, ob diese
Funktionalität genutzt wird.

Die Befragten wählten für die Programmwahl im Zweitbild die gleiche Methode wie
für das Hauptbild. Zu beachten ist die Annahme, daß nach Wahl des Zweitbildes
und des zugehörigen Programms die nächste Programmwahl automatisch wieder
dem Hauptbild zugeordnet wird. Ansonsten müßte der Fokus explizit wieder auf
das Hauptbild gesetzt werden.
<u>Forderung an das Design der Benutzungsschnittstelle:</u>
Interaktionen mit dem Zweitbild sollten einem kurzfristigen Modus
entsprechen, der automatisch zurückgesetzt wird.

Es wurde von den Befragten als notwendig erachtet, daß die Position des Zweitbildes vom Benutzer verändert werden kann. Die Wahl zwischen den vier Bildschirmecken wurde als ausreichend bezeichnet.
<u>Forderung an das Design der Benutzungsschnittstelle:</u>
Funktion zum Verschieben des Zweitbildes in die vier Bildschirmecken
vorsehen.

In Szenario T7 wurden unterschiedliche Methoden genannt, um den Inhalt des
Zweitbildes auf den Hauptbildschirm zu bringen.
<u>Forderung an das Design der Benutzungsschnittstelle:</u>
Interaktionsmöglichkeiten vorsehen, die die genannten Methoden
"automatischer Wechsel" und "manueller Wechsel" ermöglichen.

Bei Szenario C2 wurde eine Funktion mit Anspielautomatik erwartet (ähnlich der
Durchschalte-Funktion bei Szenario T8). Zwei Personen wollten die Länge der
Anspielung einstellen.
<u>Forderung an das Design der Benutzungsschnittstelle:</u>
Konsistenz zwischen den gleich wahrgenommenen Funktionen bei TV und
CD herstellen; Konfigurierbarkeit der Anspieldauer in Erwägung ziehen.

Bei Szenario C5 fällt auf, daß für das Eingeben und Abspielen einer Titelsequenz
keine Speicheraktion genannt wird, sondern das Programm auch unmittelbar mit
Starten der Abspielfunktion arbeiten soll.
<u>Forderung an das Design der Benutzungsschnittstelle:</u>
Programmiermodus vermeiden; Abspielfunktion muß auch während des
Programmiervorgangs zugänglich bleiben.

In Szenario C6 wurden wiederum zwei Interaktionswege angegeben: ein CD-Programm zum Abspielen einer bestimmten Titelsequenz wurde entweder titelweise verändert oder komplett gelöscht. Die Befragten würden eher die vorigen Eingaben löschen und eine Neueingabe vornehmen. Die zweite Möglichkeit verursachte mehr Schwierigkeiten und führte zu den Angaben "Titel markieren und dann die Löschen-Funktion aktivieren". Im Designprozeß wurde die Interaktion so gewählt, daß Markieren und Löschen eines Titels in einem Schritt durchführbar wurde.

<u>Forderung an das Design der Benutzungsschnittstelle:</u>
Die Funktionalität des Programmeditierens sollte durch die Möglichkeit ergänzt werden, das komplette Programm in einem Schritt zu löschen und eine Neuprogrammierung vorzunehmen.

Darüberhinaus wünschten sich zwei Personen eine Art "Reset"-Funktion, um jederzeit problemlos in einen definierten Ausgangszustand des Systems zurückkehren zu können.

<u>Forderung an das Design der Benutzungsschnittstelle:</u>
Bereitstellung von Mechanismen, die jederzeit die sofortige und gefahrlose Rückkehr in den Ausgangszustand ermöglichen. Die Bereitstellung einer Reset-Taste wie bei Computern erscheint in diesem Fall aber unangemessen. Andere Möglichkeiten sind zum Beispiel die permanente Sichtbarkeit eines Hauptmenüs oder die Vermeidung von Modi, aus denen der Benutzer nur durch spezielle Interaktionen aussteigen kann.

Weitere Hinweise aus den GOMS-Analysen, die sich eher auf syntaktische Aspekte des Designs erstreckten, sind im folgenden zusammengefaßt.

5.1.3.2.2. Anforderungen an die Dialogfeinstruktur

Es ist zu beachten, daß Vorschläge von Benutzern zu technischen Details nicht zwangsläufig immer benutzerfreundlich sind. Zum Beispiel waren Namensgebungen wie "Second-Taste", "Shift-Taste" oder "Plus-Taste" für das Aufrufen des Zweitfernsehbildes wenig akzeptabel. Dennoch ergaben sich eine Reihe wertvoller Hinweise:

Die Befragten neigten dazu, bei neuen Funktionen auch neue Funktionstasten zu kreieren. Dabei waren sie sich durchaus bewußt, daß mit der Vielzahl der Funktionstasten auch die Unübersichtlichkeit steigt. Mehrfachbelegung von Tasten wurde aber als unakzeptable Lösung angesehen, wenn dadurch die oft ohnehin knappe Beschriftung der Tasten noch kürzer und unübersichtlich wird.

<u>Forderung an das Design der Benutzungsschnittstelle:</u>
Verständliche, nicht abgekürzte Beschriftungen in der Landessprache, keine

Doppelbelegungen bzw. versteckten Funktionen und Vermeiden von überladenen Bildschirminhalten.

Die Angabe von Programmziffern weist auf ein implizites, technikbasiertes Modell hin; es wird davon ausgegangen, daß die verschiedenen Programmkanäle über die Eingabe von Ziffern aktiviert werden. Die visuelle Rückmeldung des gewählten Programms war allen Befragten sehr wichtig. Zwar wurde die Wahl über Ziffern spezifiziert, die visuelle Rückmeldung sollte aber den tatsächlichen Programmnamen widergeben.

<u>Forderung an das Design der Benutzungsschnittstelle:</u>
Bei der Realisierung sind Alternativen zu berücksichtigen wie z.B.
Menüauswahl / Eingabe des Programm-Namens oder Programm-Logos.

Die Angabe einer Lauter- und Leiser-Taste in Szenario T2 weist ebenfalls auf ein technikbasiertes Modell der Befragten hin. Hier wird impliziert, daß die Lautstärke über zwei komplementäre Tasten inkrementell geregelt wird.

<u>Forderung an das Design der Benutzungsschnittstelle:</u>
Bei der Realisierung ist die Angemessenheit der genannten technischen
Lösung zu prüfen. Mögliche Alternativen wie Direktwahl eines Wertes oder
Direkte Manipulation über Schieberegler sollten in Erwägung gezogen
werden.

Im Szenario T3 implizierten die Benutzer analoge Mechanismen wie in T2 für weitere Parametereinstellungen . Außerdem wurde die Rückmeldung auf das Speichern von Einstellungen hervorgehoben.

<u>Forderung an das Design der Benutzungsschnittstelle:</u>
Konsistente Eingabemechanismen zumindest für Parametereinstellungen
wie Lautstärke, Helligkeit, Kontrast und Farbe vorsehen. Verständliche
Rückmeldung für Speichervorgänge berücksichtigen.

Nach der Wahl des Zweitbildes erwarteten die Befragten eine unmittelbare visuelle Bestätigung, bevor in einem weiteren Schritt evtl. ein anderes Programm gewählt wird.

<u>Forderung an das Design der Benutzungsschnittstelle:</u>
Unmittelbares Feedback nach Selektion des Zweitbildes; diese Forderung
kann darauf generalisiert werden, daß jeder Interaktionsschritt des
Benutzers mit einer deutlich wahrnehmbaren Rückmeldung zu koppeln ist.
Die Rückmeldung kann trivial sein (z.B. keine Musik, wenn der
Abspielvorgang mit der Stop-Taste abgebrochen wurde). Sie kann aber
auch schwieriger zu lösen sein, speziell wenn komplexere

Funktionsausführungen rückgemeldet werden (z.B. erkennen, daß das Videoband an der gewünschten Marke angehalten hat).

Bei Szenario T9 wünschten sich alle Befragten eine spezielle "Video-Taste", um in den Videokanal umzuschalten. Es wurde nicht akzeptiert, daß der Videokanal sich wie bisher z.B. auf Kanal 30 oder Kanal 99 befindet.

<u>Forderung an das Design der Benutzungsschnittstelle:</u>
Explizite Taste zum Empfangen des Videobildes vorsehen.

Bei der Befragung zu den Szenarien V1-V6 wurden zum Teil englische Bezeichnungen wie Play-Taste, Stop-Taste, FF-Taste, RF-Taste, Pause-Taste, Record-Taste, Skip-Up- und Skip-Down-Taste angesprochen. Auch wenn diese bekannt waren, wurde eine adäquate deutsche Übersetzung gewünscht. Genannt wurden auch graphische Symbole, die sich an den üblichen Cassetten-Rekordertasten orientierten. Dieselben Bezeichnungen und Symbole wurden dann auch beim Beschreiben der CD-Szenarien angeführt.

<u>Forderung an das Design der Benutzungsschnittstelle:</u>
Deutsche Bezeichnungen für die gängigsten VCR-Funktionen berücksichtigen. Konsistenz zwischen VCR-Funktionen und CD-Funktionen herstellen. Standardsymbole für Standardfunktionen sollen verwendet werden.

Beim Szenario V2 sind zur Festlegung eines aufzunehmenden Films Angaben über Datum, Kanal, Anfangs- und Endzeit erforderlich.

<u>Forderung an das Design der Benutzungsschnittstelle:</u>
Es wurde vorgeschlagen, diese Eingaben in einem "Formular" zu machen, das vollständig auf dem Bildschirm oder auf einem Display sichtbar ist. Dieses Formular sollte dann jederzeit, auch während einer laufenden Aufnahme, editierbar sein. Entsprechend der Situation, aus der die Aufnahme gestartet wird, soll das System verschiedene Eingaben in das Formular automatisch vornehmen. Beim Auslösen der Aufnahme-Funktion kann zum Beispiel das aktuelle Datum und die Anfangszeit in das Formular eingetragen werden. Das Videogerät übernimmt auch automatisch den am Fernseher eingestellten Kanal. Die Endzeit kann nun nachträglich eingetragen (Editierbarkeit des Formulars) oder offen gelassen werden. Den Befragten war wichtig, daß die geforderten Eingaben deutlich beschriftet sind.

5.2. Software-ergonomische Entwicklung eines integrierten Audio/Video-Systems

5.2.1. Objekte und Funktionen des Audio/Video-Systems

Um eine erste Konzeption der Mensch-Geräte-Schnittstelle zu erarbeiten, wurden die Szenarien und GOMS-Modelle weiterhin nach Objekten, Funktionen und änderbaren Parametern analysiert (vgl. Kap. 4.3.1). Die Ergebnisse wurden in Form der nachfolgend dargestellten Rohmatrix zusammengefaßt.

An der Rohmatrix, die noch kaum Gemeinsamkeiten zwischen den Objekten aufzeigt, waren folgende Änderungen notwendig (vgl. Kap. 4.3.1), bevor sie als Basis für den Dialogentwurf und Sichtendefinitionen herangezogen werden konnte:

- Generalisierungen einzelner Funktionen auf weitere Geräte wurden vorgenommen (zum Beispiel das Ändern der Lautstärke ist nicht nur für den Fernseher, sondern auch für die anderen Geräte erforderlich; die Funktion "Sender ändern" sollte vom Fernseher und Videorekorder aus zugänglich sein).

- Für einige Funktionen wurden notwendige komplementäre Funktionen ergänzt, auch wenn sie in den Szenarien bislang nicht vorgekommen waren (zum Beispiel "einschalten - ausschalten", "speichern - laden", "vorwärts spulen - rückwärts spulen", "Lautstärke ändern - Stummschalten").

- Durch Prüfung der genauen Auswirkungen einzelner Funktionen konnten doppelte, unter verschiedenen Bezeichnungen aufgeführte Funktionen identifiziert und zusammengelegt werden (zum Beispiel "umschalten" - "Sender ändern" beschreiben dieselbe Tätigkeit des Benutzers).

- Weiterhin wurde darauf geachtet, daß Funktionsanforderungen aus anderen Quellen (z.B. Marktanalysen, vgl. Kap. 5.1.1.2.3) ebenfalls einbezogen wurden.

Das Ergebnis war eine modifizierte Objekt-Funktionsmatrix, die als Basis für den ersten Prototypen und das weitere Design genutzt wurde. Diese Endmatrix faßt sämtliche, in allen Iterationsschritten berücksichtigten Funktionen zusammen. Dies entspricht dem Funktionsumfang des zweiten Prototypen. Im Prototyp I waren die Funktionen für das TV-Zweitbild (pip) noch nicht und für den CD-Spieler nur grob berücksichtigt; beim dritten Prototypen mußte aufgrund technischer Restriktionen auf die Realisierung einzelner Funktionen mit geringerer Priorität (Konfigurationsmöglichkeiten) vorerst verzichtet werden.

Objekte und Funktionen für die Mensch-Geräte-Schnittstelle (Rohmatrix)					
Objekte					
Funktionen	Fernseher	Videorekorder	CD-Spieler	Lautsprecherpaar I	Lautsprecherpaar II
einschalten	◆	◆	◆	◆	◆
Einstellungen speichern	◆				
umschalten	◆				
➤ Lautstärke ändern	◆				
➤ Helligkeit ändern	◆				
➤ Kontrast ändern	◆				
➤ Farbe ändern	◆				
➤ Sender ändern (Prog./Videokanal)	◆				
Wiedergabe		◆			
vorspulen		◆			
Aufnahme starten		◆			
Aufnahme abbrechen		◆			
➤ Aufnahme von aktuellem Sender		◆			
➤ Aufnahmestop nach n Minuten		◆			
➤ Aufnahmedatum		◆			
➤ Aufnahmestartzeit		◆			
➤ Aufnahmeendezeit		◆			
➤ Aufnahme mit VPS		◆			
➤ Aufnahmewiederholung wöchentlich		◆			
Wiedergabe			◆		
Standardwerte holen (reset)			◆		
➤ Titelwahl ändern			◆		
➤ Höhen ändern			◆		
➤ Tiefen ändern			◆		
➤ Restzeitanzeige ein			◆		
➤ Restzeitanzeige aus			◆		
➤ Titelspielanzeige ein			◆		
➤ Titelspielanzeige aus			◆		
➤ Zufallsreihenfolge ein			◆		
➤ Zufallsreihenfolge aus			◆		
➤ Titelreihenfolge festlegen			◆		
➤ Wiederholung ein			◆		
➤ Wiederholung aus			◆		
ausschalten				◆	◆

Abbildung 39: Erste und unmodifizierte Objekt-Funktionsmatrix, abgeleitet aus den in der Anforderungsanalyse erstellten Szenarien und GOMS-Modellen. Zwischen den Objekten sind noch kaum Gemeinsamkeiten zu erkennen. Bei den mit ➤ gekennzeichneten Funktionen handelt es sich um Parametereinstellungen; das Symbol ◆ zeigt identifizierte Objekt-Funktionskombinationen.

Objekte und Funktionen für die Mensch-Geräte-Schnittstelle (Endmatrix)							
Funktionen	Gesamtsystem	Fernseher	Videorekorder	CD-Spieler	Lautsprecherpaar I	Lautsprecherpaar II	Digitalverstärker
einschalten	○	◆	◆	◆	◆	◆	○
ausschalten	○	○	○	○	◆	◆	○
Einstellungen speichern		◆	○	○			○
Standardwerte holen (reset)		○	○	◆			○
✚ Wiedergabe			◆	◆			
Aufnahme starten			◆				
✚ Wiedergabe / Aufnahme stoppen			◆	○			
vorspulen			◆	○			
↺ zurückspulen			◆	○			
✚ Suchbild vorwärts / Titel vorw.			◆	○			
✚ Suchbild rückwärts / Titel rückw.			◆	○			
➤ Lautstärke regeln	○	◆	○	○			○
➤↺ Lautstärke ausschalten	○	◆	○	○			○
➤ Höhen regeln		○	○	◆			○
➤ Tiefen regeln		○	○	◆			○
➤ Helligkeit regeln		◆	○				○
➤ Kontrast regeln		◆	○				○
➤ Farbe regeln		◆	○				○
➤✚ umschalten (Sender, Titel)		◆	○	◆			
➤ Aufnahme von (Sender, Quelle)			◆				
➤ Aufnahmestop nach best. Dauer			◆				
➤ Aufnahmedatum			◆				
➤ Aufnahmezeit (Start, Ende)			◆				
➤ VPS-Aufnahme (ein/aus)			◆				
➤ Aufnahmewiederholung (tgl., wöch.)			◆				
➤ Wiedergabewiederholung (ein/aus)				◆			
➤✚ Anzeige (CD-, Titelrestzeit)				◆			
➤✚ Anzeige (VCR-, CD-, Titelspielzeit)			○	◆			
➤ Zufallsreihenfolge (ein/aus)				◆			
➤ Titelreihenfolge festlegen				◆			
➤ Spulen bis Marke (ein/aus)			◆				
↺ zurück zu letzten Sender		◆	○				
➤↺ Zweitbildposition ändern			◆				
↺ Sender ins Hauptbild übernehmen			◆				
➤↺ Sender durchschalten (ein/aus)			◆				
➤↺ Sender konfigurieren	◆	◆	◆				
➤↺ Landessprache einstellen	◆	◆	◆	◆			◆

Abbildung 40: Aus der Rohmatrix abgeleitete Endmatrix. Gemeinsamkeiten zwischen den Objekten sind deutlich zu erkennen; (➤ = Parametereinstellungen; ◆ = aus den Szenarien abgeleitete Objekt-Funktionskombinationen; ○ = auf das Objekt generalisierte Funktionen; ✚ = zusammengefaßte Funktionen; ↺ = hinzugefügte, komplementäre Funktionen).

Dialogabläufe können entwickelt werden, sobald relevante Sichten auf die Objekte der Objekt-Funktionsmatrix, notwendige Navigationspfade zwischen verschiedenen Sichten und erste Visualisierungsskizzen entwickelt sind.

5.2.2. Sichten auf Objekte des Audio/Video-Systems

Die Sichten ergaben sich aus folgenden Überlegungen: TV und VCR können als Datenobjekte betrachtet werden. TV-Sendungen oder VCR-Aufnahmen stellen die Daten dar, mit denen der Benutzer umgeht. Die Daten selbst werden zwar nur begrenzt bearbeitet (etwa beim Schneiden von Aufnahmen), aber der Benutzer hat zahlreiche Möglichkeiten, die Darstellung und die Menge der Daten zu beeinflussen. Dazu werden entsprechende Parametersichten des TV- und VCR-Objekts benötigt. Für das CD-Objekt wird eine Sicht benötigt, um Einstellungen ändern zu können (Parametersicht). Eine Datensicht ist nicht erforderlich, da die eigentlichen Daten, die Musik, akustisch und nicht visualisiert für den Benutzer interessant sind. Das DV-Objekt kann als Werkzeugobjekt betrachtet werden, da es im wesentlichen nur Parametereinstellungen repräsentiert. Da die Bedienung über den TV-Bildschirm abgewickelt wird, muß Bedienungsinformation in einem Einstiegsbild zur Verfügung gestellt werden, sobald eines der Geräte in den Stand-by-Modus geschaltet ist. Dieses Einstiegsbild wurde als Detailsicht auf das Containerobjekt mit der Bezeichnung "Gesamtsystem" konzipiert. In einem späteren Iterationsschritt wurde nach Erweiterung des Leistungsspektrums eine weitere Datensicht (Datensicht 2 = Zweitbild) für das TV-Objekt eingeführt, um das Einblenden zweier paralleler Sender zu ermöglichen.

Objekt	Typ	Sichten	Repräsentation
Gesamtsystem	Containerobjekt	Detailsicht	Fenster
TV	Datenobjekt	Komplettsicht Parametersicht Datensicht 1 Datensicht 2	Icon Fenster Fenster Fenster
VCR	Datenobjekt	Komplettsicht Parametersicht Datensicht	Icon Fenster Fenster
CD	Datenobjekt	Komplettsicht Parametersicht	Icon Fenster
DV	Werkzeugobjekt	Komplettsicht Parametersicht	Icon Fenster
Lautsprecherpaar I	Werkzeugobjekt	Komplettsicht	Icon
Lautsprecherpaar II	Werkzeugobjekt	Komplettsicht	Icon

Abbildung 41: Sichten und Visualisierungsformen der in der Objekt-Funktionsmatrix spezifizierten Objekte für das Design der Mensch-Geräte-Schnittstelle.

5.2.3. Generelles Dialogkonzept

Anhand folgender Überlegungen wurden die wesentlichen Navigationspfade identifiziert:

- Nach dem Einschalten des Systems benötigt der Benutzer eine Navigationsmöglichkeit zu den einzelnen Parametersichten, die es ihm ermöglicht, Einstellungen vorzunehmen.

- Die TV-Datensicht (Hauptfernsehbild) ist Bestandteil des TV-Objekts und daher von der Parametersicht des TV-Objekts aus zugänglich zu machen. Das Aktivieren des Hauptbildes sollte aber auch direkt beim Einschalten des TV-Geräts möglich sein. Daher wird ein Übergang von der TV-Komplettsicht zur TV-Datensicht vorgesehen. Die TV-Datensicht des TV-Hauptbildes dient lediglich als Ausgabeeinheit und erscheint zusätzlich zu anderen Sichten am Bildschirm; von ihr gehen keine Navigationen aus.

- Der umgekehrte Weg ist ebenfalls erforderlich, d.h. Parametersichten und die Datensicht sollen auch zur Komplettsicht geschlossen werden können.

- Arbeitet der Benutzer mit der Parametersicht eines Objekts, soll er zu jedem anderen Objekt verzweigen können, unabhängig davon, welchen Zustand dieses gerade einnimmt.

- Die beiden Lautsprecherobjekte wurden in einem ersten Ansatz als Unterobjekte des DV-Objekts betrachtet, d.h. in der Parametersicht des DV-Objekts sind die Lautsprecherobjekte enthalten. Somit ist ein Zugang zu den Lautsprecherobjekten nur über die Parametersicht des DV-Objekts möglich. Direktzugriffe von anderen Objekten werden ausgeschlossen, da eine Veränderung der Lautsprecherparameter eher selten benötigt wird. Von den Lautsprecherobjekten selbst können keine weiteren Navigationen ausgelöst werden, da sie nur die Stati "an" und "aus" besitzen.

- Die VCR-Datensicht ist analog zum TV-Objekt aus der VCR-Parametersicht (durch Play-Funktion) zugänglich.

- Die TV-Datensicht 2 (Zweitbild) für den zweiten Prototypen ist Bestandteil des TV-Objekts und sollte von der Parametersicht des TV-Objekts aus zugänglich gemacht werden.

Bis auf den Übergang zur TV-Datensicht 2 (Zweitbild), der beim ersten Prototyp noch nicht vorgesehen war, blieb diese Spezifikation (vgl. Abb. 42) für alle drei Prototypen unverändert.

Für die einzelnen Objektsichten wurden anschließend Visualisierungsentwürfe (Icons, Fenster) erstellt, anhand derer die in der Objekt-Funktionsmatrix festgelegten Bedienungsmöglichkeiten durchführbar sind. Die Abbildungen 43 und 44 zeigen Details zu den Objekten "Gesamtsystem", "VCR" und "TV". Die Visualisie-

Navigationspfade zwischen Objektsichten des A/V-Systems														
		nach Objektsicht												
Übergang von Objektsicht		Gesamtsystem-Detailsicht (GS-Det.S)	TV-Komplettsicht (TV-KS)	TV-Parametersicht (TV-PS)	TV-Datensicht 1 (TV-DS1)	TV-Datensicht 2 (TV-DS2)	VCR-Komplettsicht (VCR-KS)	VCR-Parametersicht (VCR-PS)	VCR-Datensicht (VCR-DS)	CD-Komplettsicht (CD-KS)	CD-Parametersicht (CD-PS)	DV-Komplettsicht (DV-KS)	DV-Parametersicht (DV-PS)	Lautsprecherpaar 1-Komplettsicht (L1-KS)	Lautsprecherpaar 2-Komplettsicht (L2-PS)
Gesamtsystem-Detailsicht	(GS-Det.S)			◆				◆			◆		◆		
TV-Komplettsicht	(TV-KS)			◆	◆										
TV-Parametersicht	(TV-PS)	◆	◆		◆	◆	◆	◆		◆	◆	◆	◆		
TV-Datensicht 1	(TV-DS1)		◆												
TV-Datensicht 2	(TV-DS2)			◆											
VCR-Komplettsicht	(VCR-KS)							◆							
VCR-Parametersicht	(VCR-PS)	◆	◆	◆			◆		◆	◆	◆	◆	◆		
VCR-Datensicht	(VCR-DS)							◆							
CD-Komplettsicht	(CD-KS)										◆				
CD-Parametersicht	(CD-PS)	◆	◆	◆			◆	◆		◆		◆	◆		
DV-Komplettsicht	(DV-KS)												◆		
DV-Parametersicht	(DV-PS)	◆	◆	◆			◆	◆		◆	◆	◆		◆	◆

Abbildung 42: Zusammenfassung der im Dialogkonzept zu berücksichtigenden Übergänge zwischen verschiedenen Objektsichten. Komplettsichten werden durch Piktogramme visualisiert, Detail-, Parameter- und Datensichten durch Fenster.

rungen waren zunächst als grobe Skizzen für den ersten Prototyp zu verstehen, die zu einem späteren Zeitpunkt detaillierter auszugestalten waren. In dieser Phase wurden bereits wichtige Designfragestellungen aufgeworfen, die entweder durch Rückgriff auf die Ergebnisse der Benutzerbefragungen geklärt werden konnten oder im weiteren Verlauf durch Prototyping zu untersuchen waren (vgl. Kap. 5.3.3 - 5.3.4). Zu erkennen ist bereits, daß das Dialogkonzept modular aufgebaut und erweiterbar ist, und daß Komponenten beliebig entfernt oder zusätzlich an das System angeschlossen werden können, ohne daß die grundsätzliche Struktur verändert werden muß.

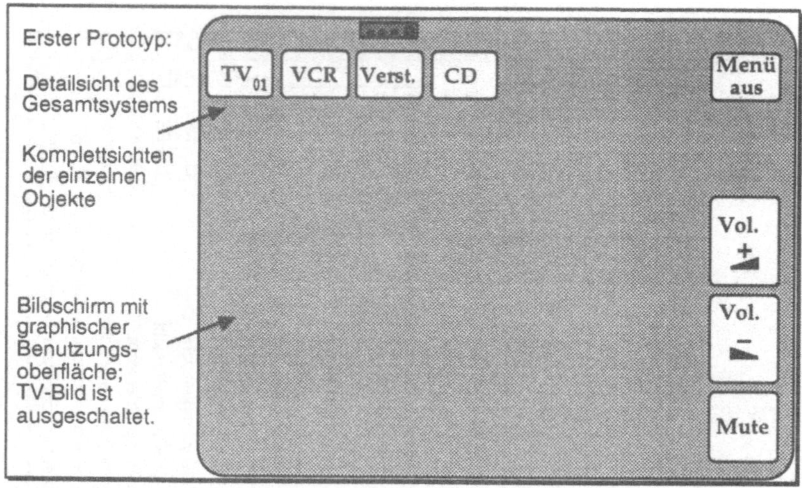

Abbildung 43: Visualisierungsskizze des ersten Prototyps für die Detailsicht des Objekts Gesamtsystem. Die Arbeitsobjekte des Benutzers sind in ihrer Komplettsicht als Pushbuttons direkt zugreifbar. Dies entspricht dem Einstiegsdialog, nach Einschalten des Systems. Alle Geräte sind im Stand-By-Modus. Da das DV-Gerät die zentrale Steuereinheit darstellt, ist es immer eingeschaltet, sobald ein anderes Gerät in Betrieb genommen wird. Dies wird durch das Piktogramm über der DV-Komplettsicht ausgedrückt (die genaue Bedeutung verwendeter Piktogramme wird in Kap. 5.3.4 erläutert).

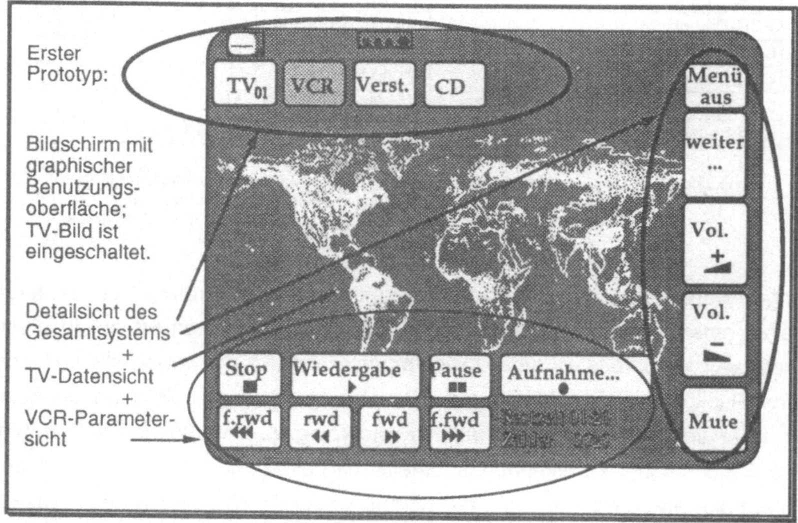

Abbildung 44: Visualisierungsskizze des ersten Prototyps. Dargestellt ist die parallele Einblendung teilweise überlagerter Sichten: Gesamtsystem-Detailsicht, VCR-Parametersicht und TV-Datensicht. Nach Aktivierung der VCR-Komplettsicht erscheint die zugehörige VCR-Parametersicht, in der verschiedene Geräteparameter ausgelöst werden können. Am fehlenden Piktogramm der VCR-Komplettsicht ist zu erkennen, daß das VCR-Gerät noch ausgeschaltet ist, Verstärker und TV-Gerät jedoch eingeschaltet sind.

Während textuelle Funktionsbeschreibungen sehr komplex werden, können die aus den Sichten und Navigationspfaden ableitbaren Grobdialoge durch Dialognetze (vgl. Kap.4.3.2 und Anhang) sehr kompakt spezifiziert werden. Die folgenden Abbildungen 45 und 46 verdeutlichen die Interaktionsmöglichkeiten für die Detailsicht des Gesamtsystems und die TV-Parametersicht.

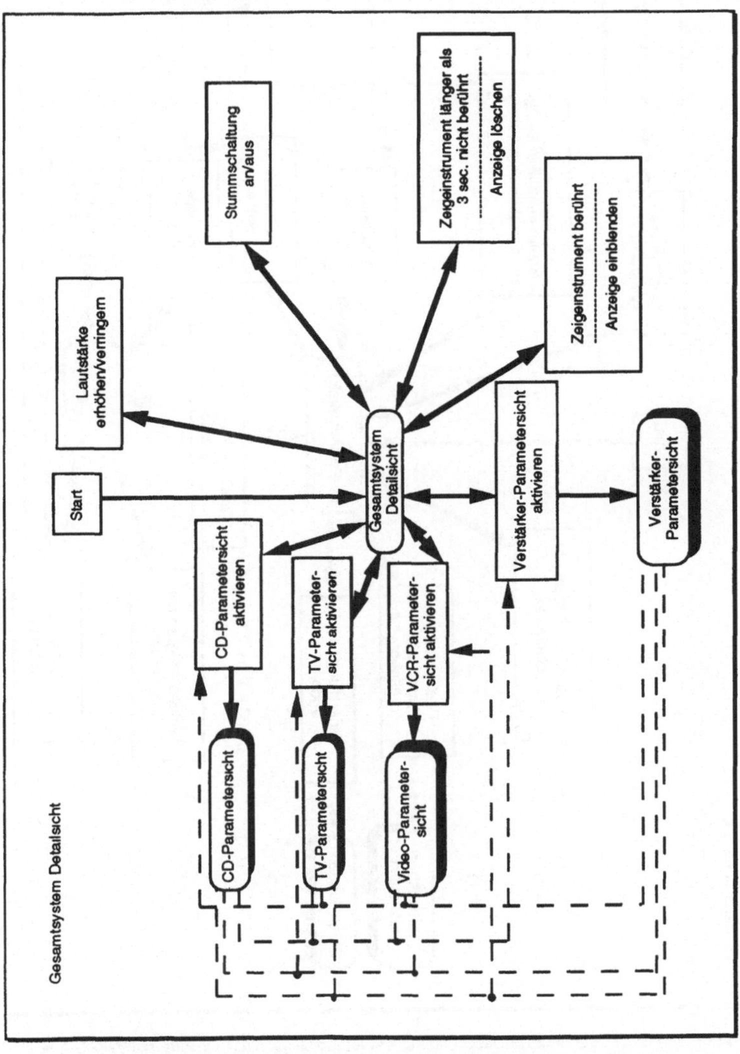

Abbildung 45: Dialognetz für den Systemeinstieg. Von der Detailsicht des Objekts Gesamtsystem kann auf die Parametersichten der Objekte TV, VCR, CD, DV gewechselt werden, wobei die Detailsicht des Gesamtsystems geöffnet bleibt und teilweise überlagert wird. Beim Wechsel auf eine Parametersicht werden andere Parametersichten geschlossen, sofern diese geöffnet sind.

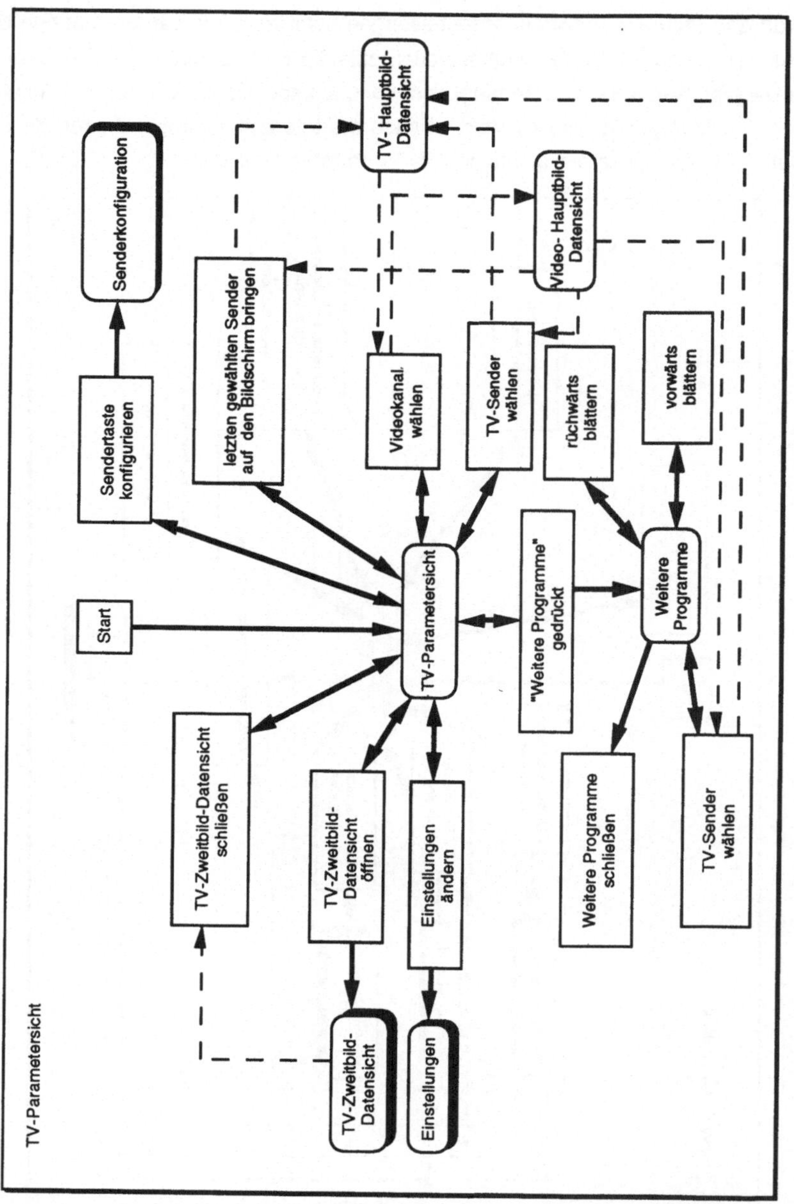

Abbildung 46: Dialognetz zur Beschreibung des Grobdialogs in der TV-Parametersicht. Aus dieser Sicht kann auf weitere Sichten mit TV-Details verzweigt werden. Die optionalen Transitionen bei den TV- und VCR-Datensichten bewirken, daß diese nur einmal geöffnet werden, auch wenn mehrfach ein Sender ausgewählt wird. Die Stellen "Einstellungen", "weitere Programme" und "Senderkonfiguration" sind Unterbereiche der TV-Parametersicht und werden als Überlagerungsfenster dargestellt.

5.2.4. Aufbau der Dialogfeinstruktur

Zur weiteren Verfeinerung des Dialogs war es notwendig, einzelne Interaktionsabläufe im Detail festzulegen und sämtliche Bildschirminhalte zu entwerfen, die für die vorgesehenen Benutzertätigkeiten benötigt wurden. Gemäß dem Fragenkatalog zur Durchführung des Feinentwurfs (vgl. Kap. 4.3.3) wurden sämtliche Szenarien untersucht und die einzelnen Handlungsschritte aus den zugehörigen GOMS-Modellen detailliert ausgestaltet. Abbildung 47 gibt ein Beispiel für diesen Gestaltungsprozeß.

Der Fragenkatalog verhinderte dabei an vielen Stellen, daß willkürliche Designentscheidungen getroffen oder scheinbar gute Ideen unkritisch verwirklicht wurden. Jeder Designvorschlag konnte eingebracht werden, sofern er sich mit dem Beschreibungsschema des Fragenkatalogs sinnvoll begründen ließ. Die Auswahl und Gestaltung einzelner Dialogelemente (Tasten, Fenster, Schieberegler) orientierte sich an gängigen Sammlungen von Gestaltungsrichtlinien (Apple, 1987, 1990; IBM, 1989b, 1991b); im Einzelfall mußten Regeln aber an das spezielle Anwendungsgebiet angepaßt werden.

Auch die Schwachstellen bestehender Geräte und die Anregungen aus Benutzerworkshops wurden berücksichtigt, um Wiederholungen ungünstiger Designansätze zu vermeiden und typischen Mängeln vorzubeugen. Aus der "kontrollierten explorativen Interaktion" mit bestehenden Geräten ergaben sich insbesondere für die VCR-Komponente eine Reihe von Hinweisen auf notwendige Verbesserungen. Zum Beispiel konnten die verschiedenen Möglichkeiten der Aufnahmeprogrammierung (vgl. Kap. 4.2.2), statt wie üblich in drei verschiedenen Modi, in einen einheitlichen Dialogablauf zusammengefaßt werden. Speziell geachtet wurde auch auf ein klares Feedback zur Unterscheidung von Zeiteingaben und VPS-Code sowie auf die Hinweise zum Tastendesign (vgl. Kap. 5.1.1.2) geachtet.

Weiterhin wurde geprüft, ob einzelne Lösungsvorschläge mit den beschriebenen Benutzermodellen konsistent sind. Wenn der Benutzer eine Fernsehsendung ansieht und diese aufnehmen möchte, ist ihm meist nicht bewußt, daß der VCR einen eigenen Empfänger hat, der zuerst eingeschaltet werden muß. Der VCR sollte daher automatisch mit dem Fernseher synchronisiert sein und dessen aktuelle Werte als Voreinstellung anbieten. Auch weiß der Benutzer im allgemeinen nicht, ob ein gewähltes TV-Programm über Satellit empfangen wird oder nicht. Das Gerät muß eine entsprechende Justierung daher von selbst vornehmen können.

Fragenkatalog zur Durchführung des Feinentwurfs
Ziel: Tätigkeit entsprechend dem Szenario T7 Sie möchten das ZDF-Programm, das im verkleinerten Fernsehbild angezeigt wird, jetzt in Normalgröße ansehen und danach das verkleinerte Bild abschalten.
Unterziel: **Display aufrufen, in dem die Einstellungen vorgenommen werden können.**

Handlungsziel:	Wie das Ziel, TV-Einstellungen zu verändern, erreichbar ist, erkennt der Benutzer an der permanenten Präsenz der TV-Komplettsicht auf dem Bildschirm. Dies müßte als Signal ausreichen, um Interaktionsschritte hier zu beginnen.
Handlungsplan I:	Mit welchen Objekten interagiert werden kann, ist am Layout erkennbar. Die Darstellung als abgerundete Taste signalisiert, daß es sich bei dem auf dem Bildschirm dargestellten TV-Objekt nicht nur um eine Statusanzeige handelt, sondern um ein input-sensitives Element. Dies kann noch dadurch unterstützt werden, daß ein Eingabeindikator erscheint, sobald der Zeiger des Zeigegeräts über dieses Element geführt wird. Dem Benutzer stehen grundsätzlich zwei Eingabeoperationen zur Verfügung (Einfachklick, Doppelklick), die zunächst gelernt werden müssen. Es wird als zumutbar angesehen, daß der Benutzer jeweils ausprobiert, ob er mit einem Einfach- oder einem Doppelklick besser vorankommt. Zu berücksichtigen ist jedoch, daß jedes Ziel mit Einfachklicks erreichbar sein muß und Doppelklicks lediglich Abkürzungen ermöglichen.
Handlungsplan II:	Erkennen von Handlungsalternativen braucht an dieser Stelle nicht unterstützt zu werden. Um auf die TV-Parametersicht zu kommen, in der die gewünschten Veränderungen vorgenommen werden können, muß der Benutzer lediglich die TV-Komplettsicht selektieren. Dieser Weg ist von jeder Dialogsituation aus möglich.
Handlungsdurchführung:	Die möglichen Aktionen des Benutzers beschränken sich auf Bewegen des Zeigers am Bildschirm und dem Betätigen einer Taste. Jede Aktion muß aber mit unmittelbarem Feedback unterstützt werden. Sobald der Zeiger über die TV-Komplettsicht geführt wird, erscheint ein zusätzlicher Rahmen (Selektionsindikator), der anzeigt, daß dieses Element jetzt mit einem Tastendruck aktiviert werden kann. Bei gedrückter Taste wechselt das Cursorsymbol. Nach Loslassen der Taste ändert die TV-Komplettsicht ihren visuellen Status und der Cursor erhält seine ursprüngliche Form.
Handlungskontrolle:	Auf den Tastendruck bei selektierter TV-Komplettsicht erfolgt eine unmittelbare Reaktion, in diesem Fall das Einblenden der TV-Parametersicht.
Ergebnisinterpretation I:	In der jetzt dargestellten TV-Parametersicht sind selektierbare Elemente dargestellt, die die Veränderbarkeit des Senders, sowie den Zugang zu einem Zweitbild veranschaulichen.
Ergebnisinterpretation II:	Das Hauptziel ist noch nicht erreicht, da Haupt- und Zweitbild unverändert sind. Der Benutzer wird sich daher einem weiteren Unterziel zuwenden.

Unterziel: **Hauptbild auf Einstellung des Zweitbildes setzen**

Handlungsziel:	Der Benutzer muß erkennen können, wo er die Sendereinstellung und das Zweitbild verändern kann. Dies wird durch die permanente Anzeige des aktuellen Senders sowie weiterer verfügbarer Sender und ein Zweitbild-Piktogramm unterstützt.
Handlungsplan I:	Daß es sich bei den auf dem Bildschirm dargestellten Symbolen nicht um Statusanzeigen handelt, sondern um input-sensitive Elemente, muß am Layout erkennbar sein (hier als abgerundete Tasten). Dies wird noch dadurch unterstützt, daß ein Eingabeindikator erscheint, sobald der Zeiger des Zeigegeräts über dieses Element geführt wird.
Handlungsplan II:	Handlungsalternativen sind hier automatischer Wechsel oder manueller Wechsel (wie im GOMS-Modell vorgesehen). Die Möglichkeit zum automatischen Wechsel ist erst zu erkennen, wenn das Zweitbild selektiert wird und die zugehörigen Veränderungsfunktionen eingeblendet werden. Da der manuelle Wechsel aber sehr offensichtlich ist, wurde diese Lösung beibehalten.
etc.	

Abbildung 47: Auszüge der Ausarbeitung des Feindialogs zur Benutzertätigkeit aus Szenario T7.

Die folgende Abbildung gibt ein Beispiel für die Spezifikation der Funktionen "einschalten" und "ausschalten" des TV-Geräts. Bereits dieses Beispiel zeigt, wie wichtig andere, leichter überschaubare Spezifikationsformen wie Dialognetze und

Prototypen für die Verständigung zwischen Entwicklern, Evaluatoren und Benutzern sind.

Objekt	TV	
Funktion	einschalten	
	Interaktion 1	Einfachklick auf die TV-Komplettsicht in der Detailsicht des Gesamtsystems.
	Auswirkung	TV-Komplettsicht wird als aktiviert hervorgehoben (=grün hinterlegt), andere Komplettsichten erhalten den nicht aktivierten Status (=weiß hinterlegt).
	beteiligte Objektsichten	TV-Parametersicht wird eingeblendet. Andere, geöffnete Parametersichten werden geschlossen.
	Interaktion 2	Einfachklick auf beliebige Taste der TV-Parametersicht.
	Auswirkung	TV-Gerät wird eingeschaltet und der zuletzt gewählte Sender wird gezeigt. Die TV-Komplettsicht zeigt durch das Geräte-Piktogramm den Status "Gerät in Betrieb" an.
	beteiligte Objektsichten	TV-Datensicht wird eingeblendet.
Funktion	ausschalten	
	Interaktion 1	Einfachklick auf die TV-Komplettsicht in der Detailsicht des Gesamtsystems.
	Auswirkung	TV-Komplettsicht wird als aktiviert hervorgehoben (=grün hinterlegt), andere Komplettsichten erhalten den nicht aktivierten Status (=weiß hinterlegt).
	beteiligte Objektsichten	TV-Parametersicht wird eingeblendet. Andere, geöffnete Parametersichten werden geschlossen.
	Interaktion 2	Einfachklick auf die TV-Komplettsicht (bei geöffneter Parametersicht).
	Auswirkung	TV-Gerät wird ausgeschaltet. Die TV-Komplettsicht zeigt durch das Verschwinden des Geräte-Piktogramms den Status "Gerät aus" an.
	beteiligte Objektsichten	TV-Datensicht wird ausgeblendet.

Abbildung 48: Beispiel für die Spezifikation der Funktionen "einschalten" und "ausschalten", dargestellt für das Objekt "TV".

Wie spätere Prototypevaluationen mit Benutzern zeigten, ist es dennoch schwierig, die beschriebenen Teilschritte vollständig und konsistent durchzuhalten. Während der Evaluation identifizierte Bedienungsprobleme ließen sich oft auf eine unvollständige Orientierung am Fragenkatalog zurückführen. Zum Beispiel wirkten Ausgabeelemente wie Eingabeelemente und führten den Benutzer in die Irre, an anderen Stellen war die Rückmeldung nicht ausreichend (vgl. Kap. 5.3.4-5.3.5).

5.3.   Prototypenentwicklung und -evaluation

5.3.1.   Anzahl und Eigenschaften geplänter Prototypen

Ausgehend von dem Fragenkatalog zur Bestimmung benötigter Prototypen (vgl. Kap. 4.4.1) wurden zunächst drei Prototypen mit jeweils unterschiedlicher Zielrichtung geplant. Folgende Vorgaben wurden festgelegt:

Prototyp I:

- dient zur Beurteilung des entworfenen Aufgabenspektrums und eines ersten Grobentwurfs,
- Zielgruppe sind Management- und Marketingabteilungen, denen der Prototyp als Diskussionsgrundlage dienen soll,
- Entscheidungsbedarf besteht zu Beginn des Entwicklungsprozesses. Der Prototyp sollte daher möglichst früh evaluiert werden können.

Prototyp II:

- dient zur Sicherstellung einer hohen Selbsterklärungsfähigkeit der Benutzungsschnittstelle für eine möglichst breite Funktionalität,
- soll zur Evaluation mit Endanwendern eingesetzt werden, und
- soll relativ früh, d.h. noch ohne Anbindung an Anwendungsroutinen, evaluiert werden können.

Prototyp III:

- dient zur Beurteilung der Bedienbarkeit des A/V-Systems unter Einsatz richtiger A/V-Geräte und der grundsätzlichen Nützlichkeit graphischer Benutzungsschnittstellen in diesem Bereich,
- Zielgruppe sind die Endanwender,
- der Prototyp wird erst zu einem Zeitpunkt benötigt, an dem Grobentwurf, Feinentwurf und Gerätetreiber zur Verfügung stehen.

Für die Entwicklung des jeweils folgenden Prototyps war Voraussetzung, daß die Evaluation des Vorgängers zufriedenstellende Ergebnisse erbrachte und keine weitere Verfeinerung in diesem Entwicklungsstadium erforderlich war.

5.3.2.   Hard- und Software-Plattformen

Anhand des Fragenkatalogs zur Anforderungsdefinition an Prototyping-Werkzeuge (vgl. Kap. 4.4.2) wurden die Werkzeuge zur Entwicklung der einzelnen Prototypen ausgewählt. Die Werkzeuganforderungen für den Prototyp I stellten sich wie folgt dar:

- Da die Zielplattform des Endprodukts eine Assemblerumgebung ist,
  bestanden für diesen Prototypen zunächst keine Einschränkungen
  bezüglich der nutzbaren Plattformen.
- Der Prototyp sollte im wesentlichen eine erste Ideensammlung und
  Machbarkeitsanalyse ermöglichen. Eine Beschränkung auf
  Standarddialogobjekte war zunächst ausreichend.
- Als Eingabetechnik wurde die Maus gewählt.
- Der Einarbeitungsaufwand in das Werkzeug sollte aufgrund der Zielsetzung
  dieses Prototyps möglichst niedrig sein.

Für Prototyp I wurde das Prototyping-Werkzeug SuperCard™ für Macintosh-
Rechner ausgewählt. SuperCard™ gehört zur Kategorie der Hypermedia-Tools
und unterstützt die interaktive Entwicklung und Modifikation von Benutzungsschnittstellen. Das Tool setzt auf dem Fenstersystem der Macintosh-Oberfläche
auf, ist sehr rasch erlernbar und erlaubt die Entwicklung beinahe beliebig gestalt-
barer Interaktionselemente.

Werkzeuganforderungen für den Prototyp II:
- Da die Zielplattform des Endprodukts eine Assemblerumgebung ist,
  bestanden für diesen Prototypen zunächst kaum Einschränkungen
  bezüglich der nutzbaren Plattformen. Allerdings war eine Videokarte
  erforderlich, um die Überlagerung von Filmaufnahmen und Elementen der
  graphischen Benutzungsschnittstelle realistisch darstellen zu können.
- Um größere Gestaltungsfreiheit zu haben, sollten auch Bitmaps
  eingebunden werden können.
- Eingabeinstrument blieb weiterhin die Maus. Alternativen standen zunächst
  noch nicht zur Verfügung.
- Einarbeitungsaufwand war für diese Phase weniger kritisch, d.h. falls
  erforderlich, konnte auch ein schwierigeres, aber leistungsfähigeres
  Werkzeug in Betracht gezogen werden.

Das Leistungsspektrum von SuperCard™ war auch für Anforderungen an den
Prototyp II ausreichend. Dialogabläufe und dynamische Veränderungen an der
Oberfläche lassen sich über eine ereignisgesteuerte Regelsprache formulieren.
Durch die Möglichkeit Bitmaps einzubinden und diese mit Operationen eines Eingabeinstruments zu verknüpfen, sind der visuellen Gestaltung kaum Grenzen
gesetzt. Sogenannte Objektprimitive werden bereits angeboten. Hierzu gehört
beispielsweise das Invertieren eines selektierten Objekts. Die Performanz des
Tools geht bei mittlerer Komplexität der Dialogabläufe allerdings stark zurück und
es verfügt auch nicht über Treiber für A/V-Systeme.

Werkzeuganforderungen für den Prototyp III:

- Für diesen Prototypen war eine Plattform erforderlich, die es ermöglichte, vom Rechner aus Funktionen an A/V-Geräten anzustoßen und die graphische Benutzungsschnittstelle über einem TV-Bildschirm einzublenden.
- Da dieser Prototyp im wesentlichen eine vertikale Erweiterung des zweiten Prototyps darstellt, werden die gleichen Dialogobjekte (einschließlich Bitmaps) genutzt.
- Anstelle der Maus wird ein Eingabeinstrument eingesetzt, das auch im Realeinsatz als Zeigeinstrument nutzbar ist: ein Touchpad, mit dem der Benutzer auf einer Fläche von $4cm^2$ jede Bildschirmposition ansteuern kann.
- Ein kommerzielles Werkzeug, das die bisherigen Anforderungen erfüllen konnte, stand nicht zur Verfügung. Ein relativ hoher Einarbeitungsaufwand mußte in Kauf genommen werden, um mit einem speziell für diesen Zweck entwickelten Werkzeug (UIP™) zu arbeiten, das selbst noch im Prototypstadium war.

UIP™ machte zwar einen Plattformwechsel notwendig, erlaubte aber die Kontrolle von A/V-Geräten über einen 386er-PC auf Basis des MS-DOS™-Betriebssystems und ermöglichte die Entwicklung eines Prototyps, mit dem nicht nur die Benutzungsschnittstelle, sondern auch die tatsächliche Interaktion mit A/V-Geräten selbst untersucht werden konnte. Allerdings war für den Einsatz des Tools weit mehr Programmiererfahrung erforderlich als bei SuperCard™. Aufgrund der relativ eng begrenzten Speicherkapazität mußte der Funktionalitätsumfang gegenüber dem zweiten Prototypen wieder reduziert werden. Prototyp III kann als vertikale Erweiterung des zweiten Prototyps betrachtet werden.

5.3.3. Prototyp I - Evaluation des Produkt- und Dialogkonzepts

Da das integrierte A/V-System einen hohen Innovationsgrad aufweist und sehr wenig Vorerfahrungen über Benutzerverhalten und Benutzererwartungen verfügbar sind, war eine frühe Einschätzung darüber, ob das integrierte A/V-System in seiner geplanten Form Interesse bei späteren Benutzern finden kann, sehr wichtig. Das Risiko von Fehlentwicklungen sollte durch frühe Evaluationsmaßnahmen möglichst reduziert werden. Außerdem machte das geplante Produkt den Einsatz aufwendiger und kostspieliger Technologien erforderlich, und es war mit einem hohen Entwicklungsaufwand zu rechnen. Der frühzeitigen Abstimmung der Produkteigenschaften mit den Bedürfnissen potentieller Benutzer kam daher eine entscheidende Bedeutung zu.

Aus diesen Überlegungen heraus wurden die folgenden Evaluationskriterien für Prototyp I festgelegt (vgl. Kap. 4.4.3.1):

- Selbstbeschreibungsfähigkeit,
- Erlernbarkeit / Konsistenz,
- Aufgabenangemessenheit, Komfort, Erweiterbarkeit und
- Attraktivität.

Die Evaluation erfolgte in Diskussionsrunden mit Marketingexperten, in denen der Prototyp vorgestellt und verschiedene Interaktionssequenzen anhand von Bildschirm-Simulationen durchgespielt wurden. Da der Prototyp nicht interaktiv genutzt werden konnte, wurde qualitativen Beurteilungen der Vorzug gegeben und zunächst auf Benutzerbeobachtungen und quantitative Benchmarkanalysen verzichtet. Für die Ziele der Evaluation bedeutete dies jedoch keine Einschränkungen. Neben der Beurteilung des Gesamtkonzepts durch die Marketingexperten konnten bereits zu diesem frühen Zeitpunkt der Entwicklung wichtige Detailfragen und Designalternativen, die sich während der Erstellung des Dialogkonzepts ergeben hatten, diskutiert werden.

Zum Beispiel mußte entschieden werden, wie der Zugriff auf die Sender gestaltet werden sollte. Es mußte eine Möglichkeit für die Senderwahl gefunden werden, die auf bis zu mehr als hundert Sender (zum Beispiel für den amerikanischen Markt) erweitert werden konnte. Möglich sind:
- Anwahl über Ziffernblock,
- Anwahl über Namen der Sender,
- Anwahl gemischt (Namen für die wichtigsten benutzerdefinierten Sender).

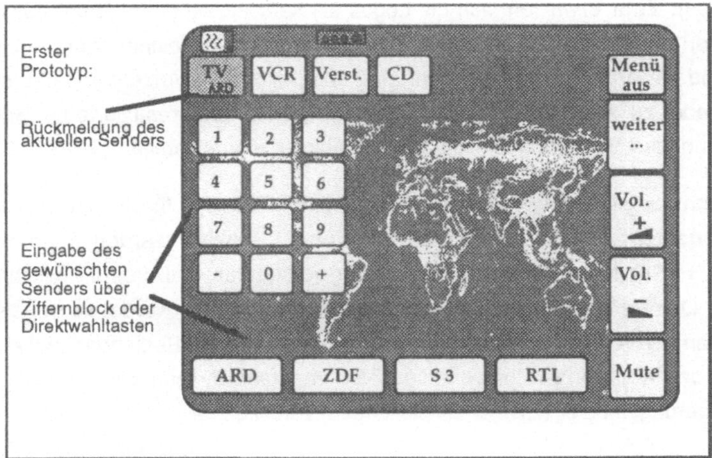

Abbildung 49: Senderauswahl beim ersten Prototypen in Form einer Mischlösung aus Ziffernblock und Direktwahltasten.

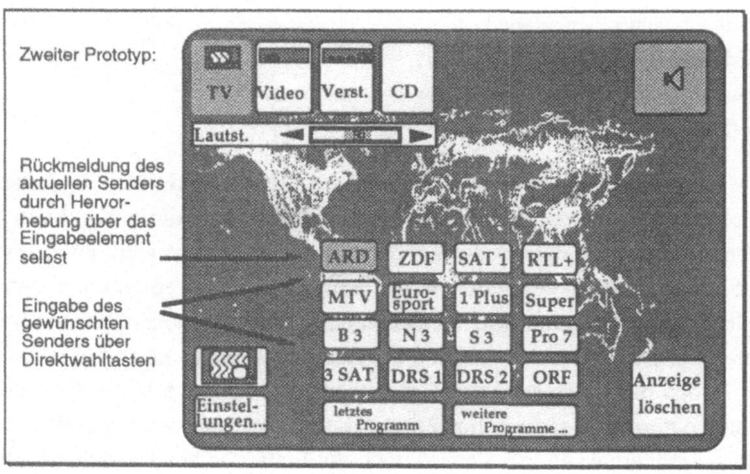

Abbildung 50: Senderauswahl beim zweiten Prototypen. Alle Sender sind über Direktwahltasten zugänglich. Der Benutzer kann zwischen einer und vier Tastenreihen wählen und jede Taste beliebig belegen.

Die Ergebnisse aus der Analyse von Benutzermodellen (vgl. Kap. 5.1.3.2.2) deuteten zunächst auf eine Mischform mit Sendereingabe über Ziffern und klartextlicher Ausgabe. Aufgrund der Reaktionen der befragten Marketingexperten wurde für den zweiten Prototypen auf Ein- und Ausgabe über die Sendernamen und beim dritten Prototypen schließlich auf Ein- und Ausgabe über die Senderlogos gewechselt (ein Bildschirmabzug von Prototyp III befindet sich am Ende des Anhangs). Zwar erwiesen sich die Logos als sehr attraktiv und leicht aus einer größeren Menge auffindbar. Wenn aber auf textuelle Bezeichnungen verzichtet wird und die Anzahl der Logos sehr groß wird, nimmt die Anzahl von Fehleingaben wieder zu. Als Synthese aus diesem Iterationsprozeß resultierte die Schlußfolgerung, daß Senderlogos mit Namen kombiniert werden sollten.

Die Bedeutung einer zweiten Hierarchieebene im Prototyp I für die einzelnen A/V-Komponenten, die über eine Taste "weiter ..." erreicht werden konnte (vgl. Abb. 44) in Kap. 4.2.3), wurde nur schwer verstanden; außerdem blieb unklar, welche Objekte und Aktionen sich dahinter verbergen. Hier wurde die Konsistenz zwischen den A/V-Komponenten eher als nachteilig für die Bedienbarkeit beurteilt und in den weiteren Prototypen zugunsten variabler, dynamisch eingeblendeter Überlagerungsfenster (z.B. TV-Einstellungen) zurückgestellt.

Daraus entstand die Frage, wie die Überlagerung von Bedienungselementen über das Fernsehbild realisiert werden sollte. Drei Möglichkeiten wurden diskutiert und anhand folgender Alternativen evaluiert:

• alle Bedienungselemente transparent darstellen,

- einzelne Bedienungsfenster komplett intransparent darstellen, oder
- nur die Bedienungselemente intransparent darstellen.

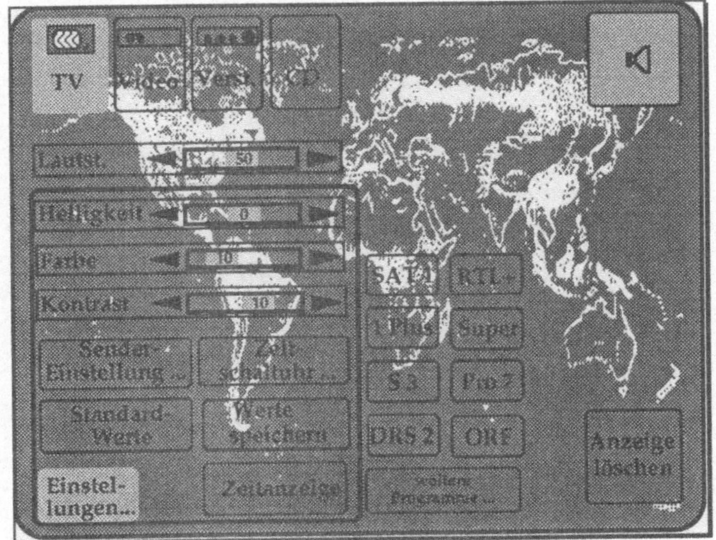

Abbildung 51: Alternative 1 zur Überlagerung von Bedienelementen über das TV-Bild.

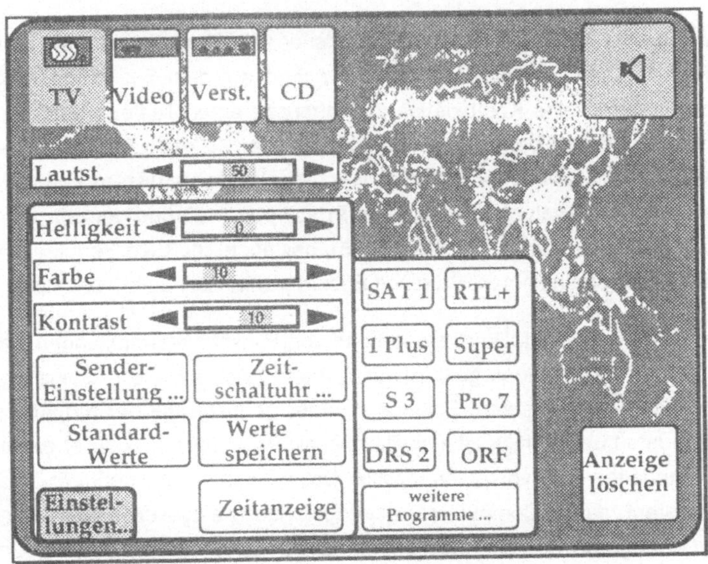

Abbildung 52: Alternative 2 zur Überlagerung von Bedienelementen über das TV-Bild.

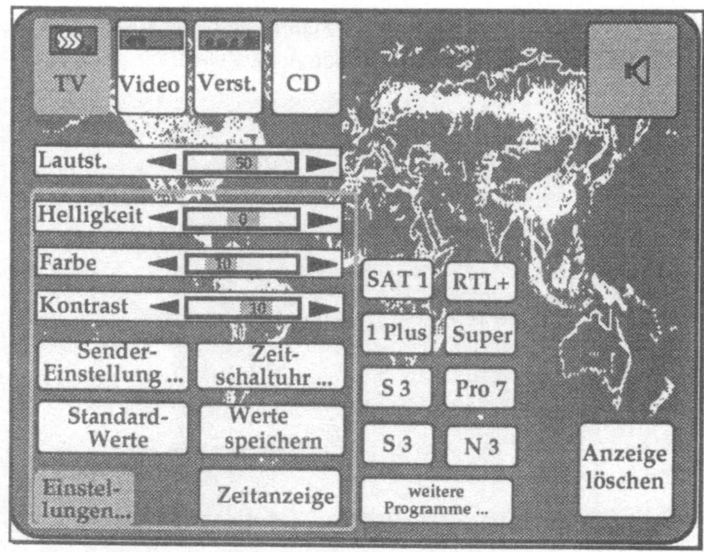

Abbildung 53: Dritte, in der Evaluation bevorzugte Designalternative zur Überlagerung von Bedienelementen über das TV-Bild. Überlagerungsfenster wurden transparent gestaltet, die einzelnen Bedienungselemente dagegen intransparent. Bei dieser Lösung wurden die Bedienungselemente ausreichend gut erkannt und darunterlaufende TV-Sendungen konnten durch die Transparenz der Fenster noch am besten mitverfolgt werden.

Transparente Tasten waren vor dem laufenden TV-Programm kaum zu erkennen, während intransparente Fenster wie "Löcher" auf dem Bildschirm wirkten. Am ehesten wurde eine Kombination von intransparenten Tasten mit transparenten Fenstern von den befragten Experten akzeptiert. Diese Lösung wurde bei der Evaluation des zweiten Prototypen von potentiellen Benutzern ebenfalls bevorzugt. Auch die Evaluation des dritten Prototypen, während der mit dem System direkt gearbeitet wurde (vgl. Kap. 5.3.5), bestätigte, daß die Benutzer mit dieser Lösung gut zurechtkamen. Störende Effekte waren nicht zu beobachten.

Eine weitere Fragestellung, die anhand von Bildschirmdarstellungen des ersten Prototypen sehr schnell geklärt wurde, bezog sich auf die Anzeige momentan nicht aktivierbarer Tasten. Solange sich der Benutzer mit der Eingabe von Aufnahmedaten beschäftigt, ist zum Beispiel nicht zu erwarten, daß er ein laufendes Band anhalten oder vorspulen möchte. Das Gestaltungselement der "ausgegrauten Tasten", das in Computeranwendungen häufig eingesetzt wird, um kurzzeitig nicht verfügbare Bedienungselemente zu kennzeichnen, fand keine Akzeptanz. Ein übersichtlicher, weniger überladener Bildschirm wurde als wichtiger für die Erlernbarkeit des Systems beurteilt. Aus diesem Grund wurden nicht aktivierbare Tasten vollständig ausgeblendet oder von Überlagerungsfenstern überdeckt.

Die Evaluationsergebnisse und die wichtigsten Charakteristiken der Mensch-
Geräte-Schnittstelle, die zu einer positiven Einschätzung und zur Akzeptanz des
ersten Prototyps beitrugen, lassen sich wie folgt zusammenfassen:

- Selbstbeschreibungsfähigkeit wurde gegenüber herkömmlichen Bedienungselementen dadurch hoch eingestuft, daß klartextliche Beschriftungen
  für die meisten Tasten und sonstigen Dialogelemente verwendet wurden.
  Diese waren an bereits etablierten Funktionsnamen bestehender Geräte
  orientiert, in der Regel nicht abgekürzt und deutschsprachig. Diese Lösung
  war trotz größeren Platzbedarfs möglich, weil der TV-Bildschirm als
  Ausgabeeinheit zur Verfügung stand und jeweils nur die aktuell benötigten
  Bedienungselemente eingeblendet werden mußten. Auf diesem Weg konnte
  das Graphikdisplay übersichtlich gestaltet und Nachteile vieler
  herkömmlicher Fernbedienungen und Eingabepanels verringert werden.
- Konsistenz konnte durch einheitliche Graphikdisplays für die einzelnen A/V-
  Komponenten sichergestellt werden. Zum Beispiel sind generische
  Funktionen wie Lautstärke, Mute, Graphikdisplay ein- und ausschalten, etc.
  in jedem Systemzustand immer auf die gleiche Weise zugänglich. Dies
  wurde als wesentlicher Beitrag zur Erlernbarkeit gewertet.
- Aufgabenangemessenheit und Komfort wurden dadurch aufgewertet, daß
  der Dialog zum einen auf Bedienungselemente für den jeweiligen Kontext
  reduziert war, andererseits aber jederzeit alle parallel sinnvollen Tätigkeiten
  möglich und leicht erreichbar waren. Der Dialog konnte nahezu modusfrei
  ablaufen und wurde durch die Verwendung von Fenstern strukturiert. Jede
  Gerätekomponente (TV, VCR, DV, CD, etc.) war kontinuierlich anwählbar.
- Attraktivität des A/V-Systems konnte in diesem Prototyp kaum hergestellt
  werden. Beurteilt man aber nicht nur die Ästhetik des Layouts, sondern den
  Neuheitsgrad der Benutzungsschnittstelle, so können sicher das
  Graphikdisplay wie auch die klartextlichen Sendertasten als Beitrag zur
  Erhöhung der Attraktivität bewertet werden.

Insgesamt wurde der Prototyp seinem eigentlichen Zweck, die Chancen des
Produkts zu beurteilen, gerecht. Aufgrund der Evaluation wurde eine Fortsetzung
der Produktentwicklung freigegeben. Grundlegende Designentscheidungen wurden zu einem sehr frühen Zeitpunkt gefällt. Die Auswirkungen der Entscheidungen
waren für alle Beteiligten transparent, da sie auf der Basis vorhandener Bild-
schirmsimulationen beurteilt werden konnten. Wichtige Zieleigenschaften der
Benutzungsschnittstelle wie Konsistenz und Erweiterbarkeit konnten mit Marketingexperten als Benutzervertretern ausführlich untersucht werden. Konkrete Verbesserungsvorschläge wurden beim weiteren Grobdesign und Feinentwurf
berücksichtigt.

5.3.4. Prototyp II - Evaluation des Feinentwurfs und des Funktionsspektrums

Bei der Weiterentwicklung von Prototyp I zu Prototyp II wurden wiederum Designanforderungen aus den GOMS-Analysen (vgl. Kap. 5.1.3.2.1-5.1.3.2.2) berücksichtigt und die Informationspräsentation weiter detailliert.

Der zweite Prototyp wurde mit dem Ziel entwickelt, das Dialogkonzept für eine möglichst breite Funktionalität aufzuzeigen. Er wurde so weit ausgebaut, daß die Spezifikationen aus der Objekt-Funktionsmatrix (vgl. Kap. 5.2.1) verfügbar waren. Der Prototyp bestand weiterhin aus der reinen Benutzungsschnittstelle ohne Verbindung zu realen A/V-Geräten. Allerdings konnte das Abspielen von Videofilmen simuliert und das Überblenden der Bedienungselemente auf einem Monitor realistisch dargestellt werden.

Bei der Evaluation stand daher die Frage im Vordergrund, ob einem Benutzer deutlich genug erkennbar ist, welche Tätigkeiten mit dem neuen Produkt durchführbar sind, wie unterschiedliche Komponenten der Mensch-Geräte-Schnittstelle zusammenwirken und welche Navigations- und Bedienungsmöglichkeiten durch den Dialog zur Verfügung gestellt werden. Es wurde untersucht, ob Benutzer das Produkt in seiner Konzeption verstehen können bzw. ob die Benutzungsschnittstelle den Aufbau eines angemessenen mentalen Modells unterstützt. Ein genaues Verständnis, wie die Interaktion syntaktisch im Detail abzulaufen hat, konnte aber erst mit dem folgenden Prototyp näher untersucht werden, da hierzu reale Wechselwirkungen mit den Geräten selbst erforderlich sind. Die vorrangigen Evaluationskriterien für Prototyp II waren somit:

* Selbsterklärungsfähigkeit und
* Erwartungskonformität.

Bevor auf die Evaluationsergebnisse näher eingegangen wird, werden die wichtigsten Fragestellungen aufgezeigt, die anhand des Prototypen bearbeitet wurden.

Der Benutzer sollte jederzeit über die unterschiedlichen Zustände der Anwendungsobjekte (TV, VCR, CD, DV) informiert sein. Da die Komplettsichten der Objekte permanent sichtbar waren, wurde hier eine geeignete Kodierung entwickelt. Visualisiert werden mußte zum einen, welche Geräte zu einem bestimmten Zeitpunkt ein- oder ausgeschaltet sind und zum anderen, welche Geräte überhaupt an das System angeschlossen sind und bedient werden können. Dazu wurden die Gerätetasten (Komplettsichten) durch Piktogramme wie folgt ergänzt (vgl. Abb. 54).

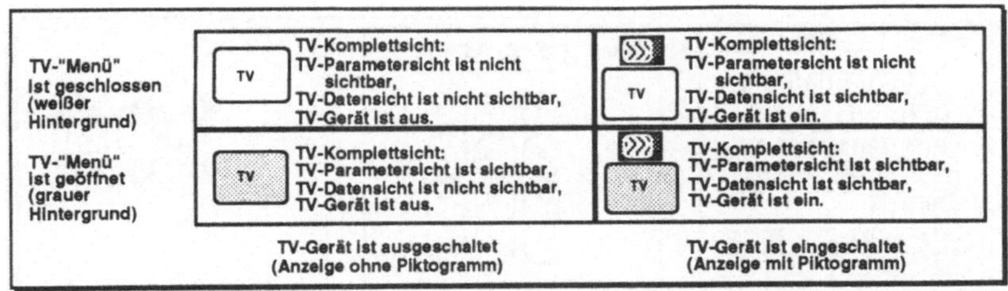

Abbildung 54: Erster Prototyp: Visuelle Rückmeldung der verschiedenen Zustände der TV-Komplettsicht. Die genaue Bedeutung erschließt sich aus der Kombination der Bedingungen "Gerät ein-/ausgeschaltet" und "Auswahlmenü (=Parametersicht) ein-/ausgeblendet".

Die Piktogramme wurden auch dazu verwendet, Beziehungen zwischen den einzelnen Geräten auszudrücken. Zum Beispiel sollte ein Pfeil von TV nach VCR anzeigen, daß der Videorekorder gerade das aktuelle TV-Programm aufzeichnet. Die Symbolik stellte sich in Benutzerbefragungen aber als zu wenig aussagekräftig heraus.

Abbildung 55: Zweiter Prototyp: Visuelle Rückmeldung der verschiedenen Zustände der TV-Komplettsicht. Die Piktogramme wurden in die Komplettsichten integriert, um besser als Einheit wahrgenommen zu werden. Ansonsten wurde die Kodierung beibehalten und durch weitere Symbole ergänzt:
---> =   Video nimmt TV-Sendung auf,
TV =   verfügbar, eingeschaltet und Auswahldisplay angezeigt,
Video =   verfügbar, eingeschaltet, Auswahldisplay nicht angezeigt,
Verst. =   verfügbar, eingeschaltet, Auswahldisplay nicht angezeigt,
CD =   verfügbar, ausgeschaltet, Auswahldisplay nicht angezeigt.

Da anstelle einer Tastatur ein Zeigeinstrument für Benutzereingaben verwendet wird, hängt die Darstellung von Eingabeelementen sehr stark von den jeweils gewählten Dialogbausteinen ab. So ist zum Beispiel die Darstellung eines änderbaren Datums direkt von den bereitgestellten Eingabemöglichkeiten abhängig.

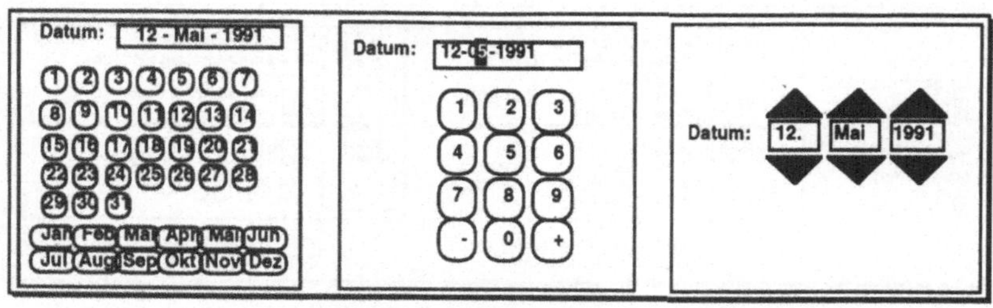

Abbildung 56: Alternative Möglichkeiten, das Datum mit Hilfe eines Zeigeinstruments einzugeben.

Die erste Lösungsmöglichkeit nutzt den Kalender als eine den Benutzern vertraute Analogie. Nachteilig ist allerdings, daß viel Platz für die Darstellung auf dem Bildschirm benötigt wird und mit langen Suchzeiten zu rechnen ist, bis die jeweils richtigen Tasten gefunden werden. Die zweite Lösungsmöglichkeit ist vergleichbar mit herkömmlichen Fernbedienungen. Sie dürfte den meisten Benutzern bereits vertraut sein. Suchzeiten fallen hier weniger ins Gewicht, aber es wird zu viel Platz pro Eingabefeld benötigt. Die dritte Lösungsmöglichkeit beansprucht nur wenig Platz und kann in dieser Form bei jedem Eingabefeld auf gleiche Weise genutzt werden. Der Benutzer kann jeweils den Tag, den Monat oder das Jahr schrittweise erhöhen oder erniedrigen. Diese Lösung ist im Vergleich zur Direkteingabe relativ ineffizient. In den Prototypen wurde schließlich die zweite Lösungsmöglichkeit umgesetzt. Sie ist ausreichend effizient und kann außerdem auch für die Eingabe anderer Daten konsistent verwendet werden. Der Platzbedarf wird reduziert, indem die Tastatur-Anzeige nur auf explizite Benutzereingaben hin (z.B. nach Selektion des Datumfeldes) in einem überlagerten Pop-Up-Fenster erscheint.

Die notwendige Anzahl unterschiedlicher Dialogelemente bildete eine weitere Fragestellung. Sie sollte nicht zu groß und zu komplex für den Benutzer werden. Auf der anderen Seite sollten aber Unterschiede in den Bedienungsabläufen der verschiedenen Geräte durch unterschiedliche Elemente auch ausreichend kenntlich gemacht werden. Die Selektion von Tasten kann zum Beispiel sehr unterschiedliche Effekte haben, die dem Benutzer rückgemeldet werden müssen. Sie sollten bereits durch eine leicht verständliche und unterscheidbare Darstellung der Tasten erkennbar werden:

- Eine Taste kann direkt eine einfache Funktion auslösen (z.B. "Wiedergabe"). Dies ist der Normalfall und wird durch ein Rechteck mit abgerundeten Ecken symbolisiert.
- Eine Taste kann aber auch ein weiteres Fenster öffnen, um weitere Eingaben zu ermöglichen (z.B. "Aufnahme..."). Dies wird analog zu gängigen

Gestaltungsregeln durch drei Punkte hinter dem Tastennamen zum Ausdruck gebracht.

- Eine Taste kann wie ein Schalter zwischen verschiedenen Zuständen hin- und hergeschaltet werden. Im Layout muß dann zum Ausdruck kommen, in welchem Zustand sich die Taste befindet und welcher Effekt eintritt, wenn die Taste erneut selektiert wird (z.B. Mute ein, Mute aus; Mute = Stummschaltung der Lautsprecher).

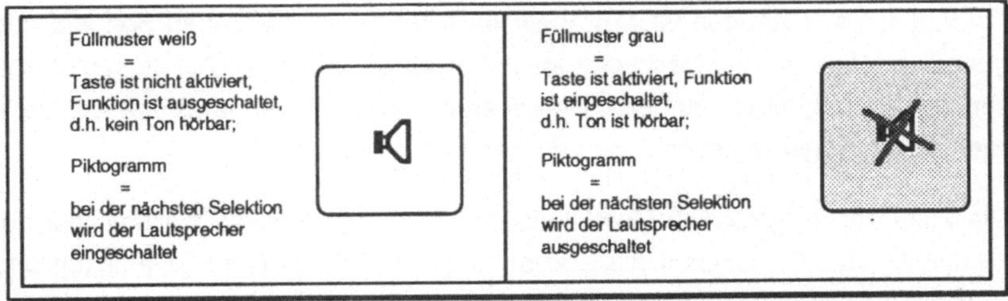

Abbildung 57: Beispiel für Informationskodierung bei Tasten, deren Funktion bildlich, aber ohne Textbeschriftung dargestellt ist.

- Es gibt Tasten, die nur aktiv sind, solange sie aktiv gedrückt gehalten werden. Der aktivierte Zustand der Taste ("gedrückt") wird durch visuelle Hervorhebungen wie zum Beispiel durch Invertierung der gesamten Taste angezeigt (z.B. die Vorwärtstaste beim Videorekorder oder CD-Spieler).
- Schieberegler bieten sich anstelle von Tasten für die Anzeige und Selektion kontinuierlicher Werte an, für die es eine definierte Minimal- und Maximaleinstellung gibt (z.B. Lautstärke).
- Sogenannte Radioschalter zeigen eine aktuelle Voreinstellung an und ermöglichen die Auswahl aus sich gegenseitig ausschließenden Alternativeinstellungen. Die aktuelle Einstellung ist hervorgehoben dargestellt; durch die Selektion einer neuen Einstellung wird automatisch die vorherige deselektiert (z.B. Auswahl der Zeitanzeige aus vier Möglichkeiten).
- Schließlich gibt es noch Bildschirm-Elemente, die lediglich Informationen anzeigen (z.B. die Restspielzeit beim CD-Spieler).

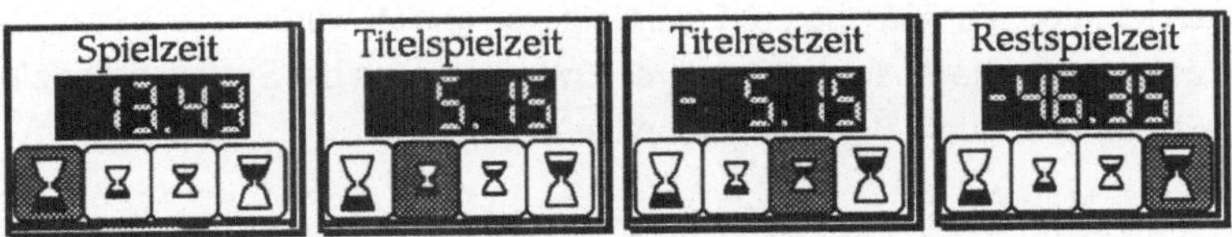

Abbildung 58: Beispiel für Informationskodierung von Radioschaltern (Auswahl der Zeitanzeige aus vier Möglichkeiten) und reinen Ausgabeelementen (Beschriftung der Zeitanzeige).

Um dem Benutzer die Eingabe von Daten zu erleichtern und Eingabesequenzen zu verkürzen, wurden so oft wie möglich Voreinstellungen verwendet. In der

Parametersicht des Videorekorders geben die Voreinstellungen die aktuelle Zeit und den aktuell gewählten Sender an, der sowohl für den TV- als auch für den VCR-Empfänger stets identisch ist. Will der Benutzer die Sendung aufzeichnen, die er gerade ansieht, dann muß er lediglich die Voreinstellung für eine aktuelle Aufnahme bestätigen.

Damit die Benutzer nicht in modalen Fenstern "gefangen" wurden, blieb jede Taste aktivierbar, die außerhalb eines Überlagerungsfensters sichtbar war. Diese Forderung war auch den GOMS-Analysen entnommen, bei denen Benutzer die generelle Möglichkeit wünschten, jederzeit in einen definierten Ausgangszustand zurückzukönnen. Dies war durch die generelle Modusfreiheit gewährleistet, die in allen drei Prototypversionen durchgehalten werden konnte.

Die Fülle der aufgeführten Gestaltungsdetails macht deutlich, weshalb bei der Evaluation des Prototyps II die Überprüfung der Selbsterklärungsfähigkeit und Erwartungskonformität in den Vordergrund gerückt wurde.

Die Evaluation wurde in diesem Fall mit potentiellen Endbenutzern und nicht mehr mit Marketingexperten durchgeführt, die bereits zu detailliert informiert und nicht mehr unvoreingenommen waren. Da der Prototyp nur begrenzt interaktiv bedient werden konnte, war Voraussetzung, daß die Untersuchungsteilnehmer über Mindesterfahrungen im Umgang mit graphischen Benutzungsschnittstellen verfügten. Aus diesem Grund wurde der Prototyp mit 6 Sekretariatskräften und Studenten (davon 4 Personen in der Altersgruppe 20-40 Jahre und 2 Personen über 40 Jahre) untersucht. Ein weiterer Grund für die Einbeziehung neuer Personen in die Evaluation lag in dem Ziel, die Benutzungsschnittstelle nach und nach von einem möglichst breiten Spektrum potentieller Benutzer mit unterschiedlichen Fertigkeiten und Kenntnissen beurteilen zu lassen.

Zur Prüfung der Selbsterklärungsfähigkeit der Benutzungsschnittstelle wurden den Teilnehmern die wichtigsten Bildschirminhalte gezeigt verbunden mit der Frage, wie sie die dargestellten Bedienungselemente interpretierten und was diese bedeuten könnten. Zur Klärung der Erwartungskonformität wurden dieselben Personen gefragt, welche Auswirkungen ihrer Erwartung nach die Selektion der einzelnen Elemente auf dem Bildschirm haben müßten.

Die folgenden Abbildungen zeigen, nach welchen Elementen der Benutzungsschnittstelle im einzelnen gefragt wurde und wie die Bewertung jeweils ausfiel. Die Auflistung geht an einigen Stellen über die im Text bisher beschriebenen Elemente hinaus. Zum Beispiel wurde nicht auf alle Details zu Unterfenstern der Parametersichten eingegangen. In den Dialognetzen im Anhang sind diese jedoch berücksichtigt.

Gestaltungsziel	Art der Datenerhebung		
Selbstbeschreibungsfähigkeit, Erwartungskonformität	Befragung von 6 Personen zur Bedeutung und Wirkung einzelner Bildschirmelemente		
Bewertetes Bildschirmelement	**Bedeutung**	**Wirkung**	**Änderungsbedarf**
Zur Detailsicht des Gesamtsystems			
Bedeutung der Tasten und Piktogramme für TV, VCR, DV, CD	●●●●	●●●●●	✓
Bedeutung des Schiebereglers für "Lautstärke"	●●●●●●	●●●●●●	✓
Bedeutung der Taste für Stummschaltung (Mute)	●●●●●	●●●●●	✓
Bedeutung von Anzeige löschen	●●●●●●	●●●●●●	✓
Zur Parametersicht des TV-Objekts			
Bedeutung der Sendertasten	●●●●●●	●●●●●●	✓
Bedeutung des Piktogramms für die Taste "Videokanal"	●●	●●●●●	☞
Bedeutung der Taste "letztes Programm"	●●●●●●	●●●	✓
Bedeutung der Taste "weitere Programme"	●●●●●●	●●●●●	✓
Bedeutung des Piktogramms "PiP" (Zusatzbild)	●●	●●●●●●	☞
Bedeutung der Taste "Einstellungen"	●●●●●●	●●●●●●	✓
Bedeutung des Unterfensters "Senderkonfiguration"	●●●●●●	●●●●●●	✓
Bedeutung der Schieberegler im Unterfenster "Einstellungen"	●●●●●●	●●●●●●	✓
Bedeutung der Taste "Sendereinstellung" im Unterfenster "Einstellungen"	●●●●●●	●●●●●●	✓
Bedeutung der Tasten "Standardwerte" und "Werte speichern" im Unterfenster "Einstellungen"	●●●●	●●●●●●	✓
Bedeutung des Unterfensters "PiP ändern"	●●●	●●●●	☞
Zur Parametersicht des VCR-Objekts			
Bedeutung der Tasten "Wiedergabe", "Stop", "Bandlauf", "Suchlauf"	●●●●●●	●●●●●	✓
Bedeutung der Taste "Aufnahme..."	●●●●●●	●●●●	✓
Bedeutung der Tasten "Marke setzen", "Marke suchen"	●●●	●●●●●●	✓
Bedeutung der Pfeile zwischen den Tasten für TV, VCR, DV, CD	●●	nicht relevant	☞
Bedeutung des Unterfensters "Aufnahme..."	●●●●●●	●●●●	✓
Bedeutung der Eingabetasten im Unterfenster "Aufnahme..."	●●●●●●	●●●●	✓
Bedeutung der Tasten und Piktogramme für "VPS" und "Uhrzeit" im Unterfenster "Ziffernblock"	●●	●●●●	☞
Bedeutung der Taste "Liste..." im Unterfenster "Aufnahme..."	●●●●●●	●●●●●●	✓
Bedeutung der Tasten und Einträge im Unterfenster "Listenedition"	●●●●	●●●●●	✓

Abbildung 59: Beurteilung der Selbsterklärungsfähigkeit und Erwartungskonformität des Prototyp II (Teil 1)
Zeichenerklärung:
O=von niemandem richtig eingestuft; ●●●●●●=von allen 6 Befragten richtig eingestuft; ✓ = kein Änderungsbedarf; ☞ = hoher Änderungsbedarf

Gestaltungsziel	Art der Datenerhebung		
Selbstbeschreibungsfähigkeit, Erwartungskonformität	Befragung von 6 Personen zur Bedeutung und Wirkung einzelner Bildschirmelemente		
Bewertetes Bildschirmelement	**Bedeutung**	**Wirkung**	**Änderungsbedarf**
Zur Parametersicht des DV-Objekts			
Bedeutung der Schieberegler	●●●●●●	●●●●●●	✓
Bedeutung der Radiobuttons für Raumklang	●●●●●	●●●●●●	✓
Bedeutung des Piktogramms für die Taste "Sprachauswahl"	●●●●●	●●●●●●	✓
Bedeutung der Tasten und Piktogramme für "Lautsprecherpaar I und II"	●●●●●●	●●●●	✓
Zur Parametersicht des CD-Objekts			
Bedeutung der Tasten "Wiedergabe", "Stop", "Vor-/Rücklauf"	●●●●●●	●●●●●●	✓
Bedeutung der Tasten "Skip vorwärts/rückwärts"	●●●●	●●●●	✓
Bedeutung der Tasten und Piktogramme für "Endloswiedergabe" und "Zufallsreihenfolge"	●●●●	●●●●	✓
Bedeutung der Radiobuttons und Piktogramme für "Wahl der Zeitanzeige"	●●	●●	☞
Bedeutung der Taste "Programm..."	●●●●●●	●●●●●●	✓
Bedeutung der Tasten im Unterfensters "Programm..."	●●●●●●	●●	☞

Abbildung 60: Fortsetzung der Beurteilung der Selbsterklärungsfähigkeit und
Erwartungskonformität des Prototyp II
Zeichenerklärung:
○=von niemandem richtig eingestuft; ●●●●●●=von allen 6 Befragten richtig
eingestuft; ✓ = kein Änderungsbedarf; ☞ = hoher Änderungsbedarf

Die Befragung bestätigte ein ausreichendes Maß an Selbsterklärungsfähigkeit und Erwartungskonformität des Dialogkonzeptes für potentielle Endbenutzer. Im Durchschnitt lagen die Befragten bei ca. 80% der Antworten so gut, daß keine Änderungen erforderlich waren.

Schwierigkeiten tauchten vor allem bei Piktogrammen ohne textuelle Bezeichnungen auf. So wurde zum Beispiel der Zugriff zum Videokanal auf einer der Sendertasten nicht zufriedenstellend erkannt (vgl. Anhang D, Taste im Senderblock oben rechts). Das Piktogramm für die Zweitbild-Taste wurde nicht als eigenständiges Eingabeelement sondern als optische Ergänzung zur Taste "Einstellungen ..." (analog zu den Gerätesymbolen; vgl. Abb. 50) interpretiert. Im Unterfenster zur Veränderung der Parameter des Zweitbildes waren das Piktogramm für die Funktion "Programme automatisch durchschalten" nicht verständlich und die Beschriftung der Taste "Wechsel zum Hauptbild" nicht klar genug. Auch die Piktogramme zur VPS bzw. Uhrzeit-Kodierung waren nicht auf Anhieb deutlich. Bei der Wahl der Zeitanzeige in der CD-Parametersicht wurden die Piktogramme der Radiobuttons nur durch die zugehörige Beschriftung verständlich (vgl. Abb. 58). Schließlich war den Befragten nicht ganz eindeutig, wie das Editieren eines CD-

Programms ablief. Da hier das Verständnis einer mehrstufigen Eingabesequenz erforderlich war, wurde vermutet, daß die Funktionalität im Prototyp III verständlicher wird, sobald die Benutzer sehen, welche Effekte durch einen Tastendruck ausgelöst werden. Die Pfeile zur Anzeige der Kommunikation zwischen TV- und VCR-Piktogramm (vgl. Abb. 55) hatten für die Befragten keinerlei zusätzlichen Informationsgehalt und wurden im weiteren Design deshalb wieder entfernt.

Designänderungen, die aufgrund der Evaluationsergebnisse von Prototyp I durchgeführt worden waren, wurden durch die neuen Evaluationsergebnisse im wesentlichen als sinnvoll bestätigt. Dazu zählten:
- der direkte Zugriff auf alle verfügbaren Sender (anstelle der Zifferneingabe; angeregt wurde hier der Zugriff über Senderlogos),
- Ersatz der zweiten Hierarchieebene (Taste "weiter...") durch einzelne Detailfenster (z.B. für "Einstellungen von Kontrast, Helligkeit und Farbe"),
- die Transparenz der Überlagerungsfenster,
- das Ausblenden vormals "ausgegrauter" Bildschirmelemente für eine bessere Übersichtlichkeit des Displays,
- Schieberegler statt Tasten für Lautstärke und ähnliche Einstellungen.

Für die Implementierung des interaktiven, dritten Prototypen war noch zu klären, wie das Ein- und Ausblenden der graphischen Benutzungsschnittstelle so erreicht werden konnte, daß der Benutzer möglichst wenig bei seiner eigentlichen Tätigkeit gestört wird. Eingeblendet werden konnte die Benutzungsschnittstelle sobald ein sensitiver Bereich des Eingabeinstruments berührt wurde. Für das Ausblenden war denkbar:
- eine Taste bereitzustellen zum Ausblenden der Bedienungselemente,
- die Bedienungselemente nach einer Zeit von 3 Sekunden automatisch verschwinden zu lassen, nachdem keine Berührung der sensitiven Fläche mehr erfolgt ist, oder
- beide Möglichkeiten zu kombinieren.

Die Alternativen wurden mit Benutzern anhand des zweiten Prototypen diskutiert. Obwohl das automatische Ausblenden der Bedienungselemente als eleganteste und effizienteste Lösung eingestuft und umgesetzt wurde, war es denkbar, daß dieser Automatismus in manchen Situationen irritierend wirkt. Auf diesen Aspekt wurde daher besonders bei der Evaluation des Prototypen III geachtet. Störende Auswirkungen konnten dort aber nicht beobachtet werden.

Nach der Evaluation erfolgte wiederum eine Diskussion mit Entscheidungsträgern, bei der der Übergang zur nächsten Prototypstufe aufgrund der erreichten Ergebnisse beschlossen wurde.

5.3.5. Prototyp III - Evaluation der Dialogfeinstruktur

Mit dem Prototyp III sollte die Mensch-Geräte-Schnittstelle auf der syntaktischen und der Ein-/Ausgabeebene mit dem Ziel untersucht werden, die Qualität der Mensch-Geräte-Schnittstelle insoweit sicherzustellen, daß für den untersuchten Teil der Funktionalität des A/V-Systems von einem stabilen und validierten Design ausgegangen werden konnte. Dabei sollten für den vertikal erweiterten Prototyp erstmals Benutzer bei der Bedienung des A/V-Systems beobachtet und deren Akzeptanz untersucht werden. Die Evaluation sollte daher auch dynamische Komponenten der Mensch-Geräte-Schnittstelle unter Einbindung realer Gerätekomponenten, d.h. tatsächliche Interaktionen der Benutzer mit dem A/V-System, einbeziehen. Aus den bei der Analyse relevanter Benutzergruppen definierten Anforderungen an die Mensch-Geräte-Schnittstelle (vgl. Kap. 4.1.3.1) stand neben der Selbsterklärungsfähigkeit auch die Erlernbarkeit als wichtige Produkteigenschaft im Vordergrund. Diese ist eng verknüpft mit Interaktionsabläufen und dynamischen Rückmeldungen und kann daher mit dem Prototyp III untersucht werden.

Als Evaluationskriterien ergaben sich somit:
*   Selbsterklärungsfähigkeit (im Sinne einer guten Benutzerführung, einer guten Les- und Erkennbarkeit sowie Transparenz der Funktionalität),
*   Erlernbarkeit (im Sinne einer hohen Konsistenz zwischen Komponenten und der Verwendung von Standarddialogelementen des Anwendungsbereichs),
*   Akzeptanz des Systems durch Benutzer.

Es wurden wiederum Benutzer ausgewählt, für die das A/V-System vollkommen neu war. Die zehn Untersuchungsteilnehmer wurden dieses Mal über Handzettel in einer belebten Fußgängerzone gesucht, um das Spektrum berücksichtigter Benutzercharakteristika weiter zu erweitern. Die Personen wurden so ausgewählt, daß intervenierende Variablen wie Alter, Geschlecht und Ausbildung (Rauterberg, 1991) weitgehend ausbalanciert waren. Computererfahrungen und Vertrautheit mit A/V-Geräten wurden ebenfalls kontrolliert. Frese & Brodbeck (1989) kommen zu dem Schluß, daß vor allem Computervorerfahrungen sowie die Plan- und Zielorientierung eines Benutzers Einfluß auf die Bedienung von Software haben. Plan- und Zielorientierung dürfte dabei mit dem Grad des Anwendungswissens korrelieren. Personen, die mit A/V-Geräten nicht vertraut sind, haben möglicherweise mehr Schwierigkeiten angemessene Handlungspläne zu entwerfen. Von den zehn Untersuchungsteilnehmern

*   verteilten sich 2, 5 und 3 Personen über die Altersgruppen "jünger als 20", "20-40", "älter als 40",
*   waren 6 Untersuchungsteilnehmer männlich, 4 weiblich,

- hatten 6 Untersuchungsteilnehmer Computer-Erfahrung,
  4 Untersuchungsteilnehmer hatten keine Computer-Erfahrung,
- benötigten 5 Untersuchungsteilnehmer eine zusätzliche Einführung in die Funktionalität von A/V-Geräten, 5 Personen verfügten über ausreichende Anwendungserfahrung.

Für die Benutzerbeobachtung wurden Prototypen eines Fernsehers (TV), eines Videorekorders (VCR), eines Compact-Disc-Spielers (CD) und eines Digital-Verstärkers (DV) installiert. Die Mensch-Geräte-Interaktionen liefen über einen PC 386, der den TV-Bildschirm als Ausgabegerät benutzte und das Fernsehbild mit graphischen Bedienungselementen überlagerte. Interaktionen des Benutzers wurden auf Video aufgezeichnet und mit Hilfe des Protokolliersystems EVA II (Vossen, 1991) registriert und kodiert.

Die Untersuchungsteilnehmer nahmen in "Fernseh"-Entfernung Platz vor den Geräten und bedienten das System über das Zeigeinstrument Unmouse™, ein Graphiktablett in der Größe einer Fernbedienung. Es besteht aus einer sensitiven Fläche, über die mit einem Finger ein Zeiger auf dem Bildschirm bewegt werden kann. Wird auf die Fläche etwas stärker gedrückt, kann dadurch ein Tastendruck ausgelöst werden.

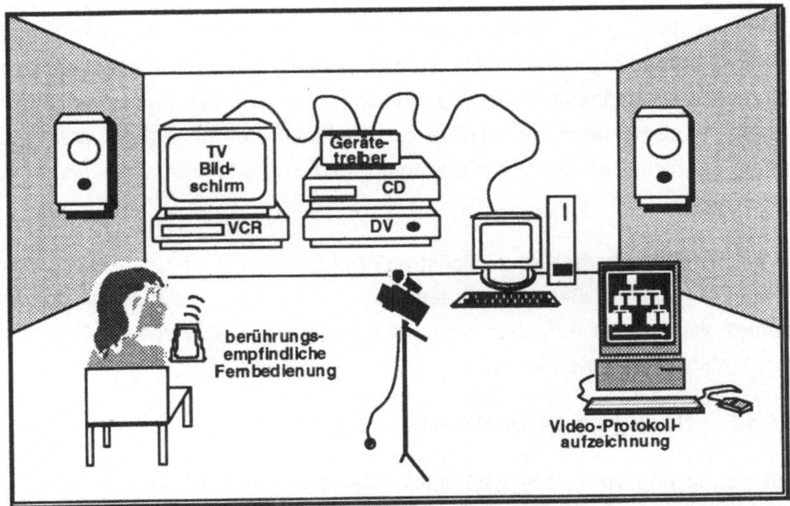

Abbildung 61: Untersuchungsaufbau zur Beobachtung der Untersuchungsteilnehmer.

Protokolliert wurden:

- richtige Eingaben (d.h. jede Selektion über die Fernbedienung, die Teil einer korrekten Handlungssequenz war, wobei unterschiedliche Lösungswege zulässig waren),

- Fehler (d.h. jede falsche Eingabe, die von einer korrekten Handlungssequenz abwich),
- Folgefehler (d.h. jede weitere Eingabe, die auf einer falschen Handlungssequenz beruhte),
- Fehlerkorrektur (d.h. Eingaben, die einer falschen Eingabe folgten und zum
  letzten korrekten Eingabezustand zurückführten),
- Fernbedienungsprobleme (d.h. motorische Bedienungsprobleme, den
  Zeiger genau zu positionieren und Objekte auszuwählen),
- Hilfestellungen (d.h. Inhalt, Dauer und Häufigkeit zusätzlicher Erklärungen
  durch den Untersuchungsleiter)
- externe Unterbrechungen (d.h. Störungen, Systemabstürze, u.ä.).

Zusätzlich wurden von einem zweiten Beobachter Benutzungsprobleme, Kommentare und Fragen notiert.

Die Untersuchungsteilnehmer erhielten alle Instruktionen in schriftlicher Form. Diese waren problemorientiert abgefaßt (Rauterberg, 1991), so daß alle Teilnehmer wußten, was mit den einzelnen Geräten erreicht werden sollte, aber nicht, wie dies durchzuführen war. Die einzelnen Lösungswege mußten eigenständig und ohne Hilfe gefunden werden.

Damit die Untersuchungsergebnisse nicht durch mangelnde Übung im Umgang mit der Fernbedienung verfälscht wurden, begann die ca. zweistündige Sitzung mit einer Übungsphase, in der die Teilnehmer lernten, den Zeiger am TV-Bildschirm zu positionieren und Objekte zu selektieren. Der Inhalt der späteren Aufgaben war nicht Bestandteil der Übungen. Unkontrollierte Lerneffekte waren ausgeschlossen.

Jeder Benutzer bearbeitete zunächst drei Aufgabenserien (TV, VCR, CD). Diese bestanden aus den Benutzungsszenarien des Aufgabendesigns (vgl. Anhang). Danach wurden vier Aufgaben wiederholt. Abgeschlossen wurde die Sitzung mit einem halbstrukturierten Interview.

5.3.5.1.   Beurteilung der Selbstbeschreibungsfähigkeit

Zur Beurteilung der Selbstbeschreibungsfähigkeit wurden Fehlerhäufigkeit und Anzahl benötigter Hilfestellungen herangezogen. Als Ziel wurde angestrebt, daß im Durchschnitt pro Bearbeitungsaufgabe deutlich weniger als einmal Hilfe in Anspruch genommen werden muß und weniger als ein Benutzungsfehler zu beobachten ist.

Gestaltungsziel	Art der Datenerhebung		
Selbstbeschreibungsfähigkeit	Bearbeitung von Testaufgaben für TV, VCR und CD		
Meßvariable	**Höchst-wert**	**Zielwert**	**Meßwert**
durchschnittliche Häufigkeit für Hilfe pro Aufgabe (alle Teilnehmer)	1	0,5	✓ 0,3
durchschnittliche Häufigkeit für Hilfe pro Aufgabe (ohne Anwendungserfahrung)	1	0,5	✓ 0,36
durchschnittliche Häufigkeit für Hilfe pro Aufgabe (mit Anwendungserfahrung)	1	0,5	✓ 0,23
durchschnittliche Fehleranzahl pro Aufgabe (alle Teilnehmer)	1	0,5	☞ 1,14
durchschnittliche Fehleranzahl pro Aufgabe (ohne Anwendungserfahrung)	1	0,5	☞ 1,14
durchschnittliche Fehleranzahl pro Aufgabe (mit Anwendungserfahrung)	1	0,5	☞ 1,13

Abbildung 62: Quantitative Beurteilung der Selbsterklärungsfähigkeit des Prototyp III
✓ Meßwert liegt zwischen Ziel- und Grenzwert,
☞ Meßwert erreicht nicht den Grenzwert.

Die Abbildung macht deutlich, daß die quantitativen Ziele bezüglich der erforderlichen Hilfe übertroffen werden konnten, während Fehler noch zu häufig auftraten. Die Teilnehmer ohne Anwendungserfahrung benötigten zwar etwas mehr Hilfe, machten aber nicht mehr Fehler als die andere Gruppe. Aufgrund der Ergebnisse wurde die Art der Fehler näher analysiert und weitere Möglichkeiten zur Fehlerreduktion identifiziert (vgl. Kap. 5.3.5.4).

5.3.5.2. Beurteilung der Erlernbarkeit

Aussagen über die Erlernbarkeit des A/V-Systems sollten durch die Wiederholung einzelner Aufgaben gewonnen werden. Gemessen wurde die Bearbeitungszeit, Fehlerhäufigkeit und Anzahl benötigter Hilfestellungen. Als Anhaltspunkt für die reine Bearbeitungszeit, abzüglich der Zeitdauer für Problemlöseprozesse, Fehlerkorrekturen und motorisch bedingte Bedienungsprobleme, wurde die Zeit gemessen, die ein Experte, der das System beherrscht, zur Aufgabenerledigung benötigt.

Es wurde erwartet, daß die Leistung der Untersuchungsteilnehmer beim Wiederholungsdurchgang sehr deutlich, d.h. mindestens um 50% zunimmt.

Auch die subjektive Einschätzung der Untersuchungsteilnehmer wurde als Maß für die Erlernbarkeit des A/V-Systems herangezogen. Gefragt wurde nach dem

Eindruck, wie leicht die Bedienung der einzelnen Geräte durchzuführen ist, und wie die Erlernbarkeit im Vergleich zu den eigenen Geräten beurteilt wird. Als Ziel wurde festgelegt, daß die Mehrzahl der Befragten auf einer fünfstufigen Rating-skala "gut" und "sehr gut" angibt.

Gestaltungsziel	Art der Datenerhebung		
Erlernbarkeit	Bearbeitung von Wiederholungsaufgaben für TV, VCR und CD		
Meßvariable	**Mindest-wert**	**Zielwert**	**Meßwert**
Reduktion der Differenz zur Bearbeitungs-zeit des Experten bei der Aufgabenwiederholung	50%	100%	☞ 41,5%
Reduktion der Fehlerzahl bei der Aufgabenwiederholung	50%	100%	✓ 61,4%
Reduktion der Häufigkeit benötigter Hilfe bei der Aufgabenwiederholung	50%	100%	✓ 62,5%

Abbildung 63: Quantitative Beurteilung der Erlernbarkeit des Prototyp III (durch Aufgabenwieder-holungen)
✓ Meßwert liegt zwischen Ziel- und Grenzwert,
☞ Meßwert erreicht nicht den Grenzwert.

Sämtliche Untersuchungsteilnehmer lösten die Wiederholungsaufgaben deutlich schneller. Der Mindestwert wurde aber nicht ganz erreicht. Die Anzahl der Fehler und die Häufigkeit von Hilfestellungen gingen bei allen Untersuchungsteilnehmern in dem gewünschten Umfang zurück.

Bei einer näheren Analyse zeigte sich, daß die ältesten Untersuchungsteilnehmer etwa doppelt so viel Zeit benötigten wie die anderen. Es konnte bei ihnen auch kein Lerneffekt festgestellt werden. Sie bedienten einen Verstärker, CD-Spieler oder VCR oft zum ersten Mal und mußten erst einmal die verschiedenen Funktionen generell verstehen, bevor sie die Aufgaben lösen konnten. Sie benötigten daher mehr Zeit als die jüngeren Teilnehmer. Trotz der größeren Schwierigkeiten wurden die Aufgaben erfolgreich gelöst. Gerade diese Untersuchungsteilnehmer waren mit dem System zufrieden und würden sich durchaus ein solches System kaufen.

Im Vergleich zur Bearbeitungszeit des Experten zeigte sich, daß bei allen Personen noch deutliche Leistungssteigerungen möglich sind, das A/V-System also nicht bei der ersten Bedienung voll ausgeschöpft ist, auch wenn alle Teilnehmer die Aufgaben bewältigen konnten.

Gestaltungsziel	Art der Datenerhebung		
Erlernbarkeit	Rating von 10 Benutzern bei einer Befragung mit halbstandardisiertem Interview (Fünfer-Skala)		
Meßvariable	**Mindestwert**	**Zielwert**	**Meßwert N=10**
Leichtigkeit der Bedienung (TV)	50% leicht - sehr leicht	90% sehr leicht	✓ 2 sehr leicht 7 leicht
Leichtigkeit der Bedienung (TV) im Vergleich zu eigenen Geräten	50% leichter - wesentlich leichter	90% wesentlich leichter	✓ 2 wesentlich leichter 4 leichter
Leichtigkeit der Bedienung (VCR)	50% leicht - sehr leicht	90% sehr leicht	✓ 2 sehr leicht 4 leicht
Leichtigkeit der Bedienung (VCR) im Vergleich zu eigenen Geräten	50% leichter - wesentlich leichter	90% wesentlich leichter	✓ 1 wesentlich leichter 6 leichter
Leichtigkeit der Bedienung (CD)	50% leicht - sehr leicht	90% sehr leicht	✓ 3 sehr leicht 5 leicht
Leichtigkeit der Bedienung (CD) im Vergleich zu eigenen Geräten	50% leichter - wesentlich leichter	90% wesentlich leichter	☞ 1 leichter 2 wesentlich leichter

Abbildung 64: Quantitative Beurteilung der Erlernbarkeit des Prototyp III (durch Befragung)
✓ Meßwert liegt zwischen Ziel- und Grenzwert,
☞ Meßwert erreicht nicht den Grenzwert.

Die Beurteilung für TV und VCR fiel erwartungsgemäß aus. Auch Untersuchungspersonen ohne Erfahrung im Umgang mit A/V-Geräten beurteilten das System als angemessen. Keine der Personen beurteilte die Benutzungsschnittstelle des Videogerätes als "schwer" oder "sehr schwer". Die bessere Bedienbarkeit im Vergleich zu eigenen Geräten wurde besonders mit der klaren Informationspräsentation auf dem Bildschirm begründet.

Zum ungünstigen Ergebnis beim CD-Spieler wurde von den Untersuchungsteilnehmern angeführt, daß CD-Spieler ohnehin relativ einfach zu handhaben und viel weiter standardisiert sind. Der Spielraum und Bedarf für Dialogverbesserungen ist daher von vornherein geringer.

5.3.5.3. Beurteilung der Benutzerakzeptanz

Benutzerakzeptanz beschreibt, inwieweit Benutzer mit dem System zufrieden sind, und wird als Indiz dafür gewertet, wie gut sich ein Produkt verkaufen läßt. Gemessen wurde sie durch das halbstrukturierte Interview. Gefragt wurde, wie das Bedienungskonzept (getrennt nach Fernbedienung und Graphikdisplay) gefällt. Auch die Bereitschaft, sich ein solches Produkt zu kaufen, wurde als Indiz für Benutzerakzeptanz gewertet.

Gestaltungsziel	Art der Datenerhebung		
Akzeptanz	Benutzerbefragung in halbstandardisiertem Interview; subjektive Bewertung (Fünfer-Skala)		
Meßvariable	Mindestwert	Zielwert	Meßwert $N=10$
Bewertung des Bedienungskonzepts (Graphikdisplay)	50% gut - sehr gut	90% sehr gut	✓ 2 sehr gut 5 gut
Bewertung des Bedienungskonzepts (Fernbedienung)	50% gut - sehr gut	90% sehr gut	✓ 2 sehr gut 4 gut
Kaufinteresse	50%	90%	✓ 7 ja 1 vielleicht

Abbildung 65: Quantitative Beurteilung der Akzeptanz des Prototyp III
✓ Meßwert liegt zwischen Ziel- und Grenzwert,
☞ Meßwert erreicht nicht den Grenzwert.

Nur 3 Personen bevorzugten die neue Bedienung auch beim CD-Spieler. Die geringe Akzeptanz begründete sich durch die Notwendigkeit, gleichzeitig den TV-Bildschirm benutzen zu müssen und durch die Zufriedenheit mit bestehenden Lösungen.

Positive Bewertungen des Systems bezogen sich insbesondere auf die klare Darstellung der Funktionen, die Verwendung von Senderlogos statt Sendernamen, die leicht verständlichen Symbole, aber auch auf die einheitliche Bedienungstechnik aller Geräte. Eine kleinere Gruppe bezeichnete auch die Neuartigkeit und das moderne Design als besonders ansprechend. Diejenigen Personen, die eine eher ablehnende Haltung gegenüber dem neuen System einnahmen, waren technisch mit A/V-Geräten sehr vertraut, gingen bevorzugt mit mehreren verschiedenen Fernbedienungen um und empfanden die Interaktion mit dem Zeigeinstrument im Vergleich ineffizienter. Diejenigen, die das System nicht kaufen würden, waren entweder an Fernsehen generell nicht interessiert oder hatten auch im Computerbereich gegenüber Zeigeinstrumenten eine eher ablehnende Haltung.

5.3.5.4.   Beurteilung von Bedienbarkeitsaspekten

Wie bereits erwähnt, wurde die reine Bearbeitungszeit eines Experten als Vergleichswert erhoben, um eine Abschätzungsmöglichkeit für den Einfluß von Denk- und Problemlösezeiten, Fehlerdauer und Fehlerkorrekturzeiten zu haben. Es wurde angenommen, daß sich Bedienungsprobleme in einem überproportionalen Anstieg der Bearbeitungszeit der Testpersonen im Vergleich zur Bearbeitungszeit des Experten auswirken.

Erwartungsgemäß benötigten sowohl der Experte als auch die Untersuchungsteilnehmer mehr Zeit, wenn die Anzahl der Interaktionsschritte in einer bestimmten Aufgabe zunahm. Das Verhältnis der Bearbeitungszeit der Benutzer zur Bearbeitungszeit des Experten blieb für die meisten Aufgaben konstant. Ein überproportionaler Anstieg der Bearbeitungszeiten der Benutzer ergab sich allerdings bei sechs Aufgaben (T5, T6, T9, C1, Wiederholungsszenarien 3 ≈V3 und 4 ≈T7) .

Aus der näheren Analyse der Beobachtungsaufzeichnungen konnten wichtige Bedienungsprobleme identifiziert und ausgeräumt werden. Beispielsweise sollten die Teilnehmer in einer Aufgabe Höhen und Tiefen der Tonwiedergabe verändern. Diese Einstellungen befanden sich in der Parametersicht des Digital-Verstärkers. Da die Untersuchungsteilnehmer davon ausgingen, diese Werte für den CD-Spieler und nicht für das gesamte A/V-System einzustellen, wurden die Einstellmöglichkeiten vergeblich im Auswahlfenster des CD-Spielers gesucht. Das Konzept und der Zweck des Digital-Verstärkers war für diese Untersuchungsteilnehmer nur schwer zu verstehen. Dieses Problem betraf im wesentlichen Teilnehmer mit geringem Anwendungswissen. Ein möglicher Lösungsansatz ist, den Verstärker als Objekt der Benutzungsschnittstelle zu entfernen und dessen Funktionen so zu verteilen, daß das kognitive Modell der Benutzer besser paßt.

Ein markantes Beispiel solcher Bedienungsprobleme fand sich bei einer TV-Aufgabe, in der die Teilnehmer ein weiteres Programm in einem kleinen Zweitbild auf dem Bildschirm einblenden sollten. Das Ein- und Ausschalten des Zweitbildes verstanden die Untersuchungsteilnehmer unmittelbar, Schwierigkeiten hatten sie jedoch zu erkennen, daß im Zweitbild immer der Sender des großen Bildschirms voreingestellt war, und daß die Programmtasten sich auch nach dem Einblenden des Zweitbildes zunächst nur auf den großen Bildschirm bezogen. Um mit den Programmtasten das Zweitbild umschalten zu können, mußte der Benutzer zunächst das Zweitbild-Fenster selektieren. Dann erst erschien ein Fenster mit den zugehörigen Sendertasten (gemäß dem Paradigma objektorientierter Benutzungsschnittstellen "first object selection - then action selection"; Apple, 1987, IBM, 1991, SUN, 1989). Die Bedienungsprobleme können dadurch aufgehoben werden, daß die Sendertasten, wie es die Benutzer erwarteten, sofort mit dem Zweitbild eingeblendet werden. Die unerwartet hohen Bearbeitungszeiten im Verlauf der Wiederholungsaufgaben ließen sich wiederum mit der Zweitbild-Funktion erklären. Dies unterstreicht die Bedeutsamkeit der oben erwähnten Anpassung des Designs. Es ergab sich hier noch eine weitere Schwierigkeit: keiner der Untersuchungsteilnehmer hatte das Piktogramm richtig interpretiert, das den Videokanal repräsentiert. Bereits in der Evaluation zu Prototyp II war hier eine Problemstelle erkannt, aber bislang nicht beseitigt worden.

Wie beim Prototyp II verursachte die Anzeige der unterschiedlichen Angaben für die Spielzeit einer CD bei dieser Version ebenfalls Irritationen. Anstatt die Piktogramme zu selektieren, hielten die Benutzer meistens den erläuternden Begleittext für den sensitiven Bereich. Der Ausgabebereich hatte deutlich höheren Aufforderungscharakter für eine Selektion als die Tasten mit den Piktogrammen.

5.3.5.5. Interpretation der Beobachtungs- und Befragungsergebnisse

Insgesamt befürworteten die Benutzer das Konzept einer graphischen Benutzungsschnittstelle, die durch ein Zeigeinstrument mit nur einer Taste bedient werden kann. Die Ergebnisse deuten darauf hin, daß ein solches Konzept nicht nur bei Computerexperten, sondern gerade auch bei Benutzern mit wenig Vorerfahrungen auf Interesse stößt. Die Beobachtungen zeigen ermutigende Ergebnisse hinsichtlich der Benutzerakzeptanz, der Selbsterklärungsfähigkeit und der Erlernbarkeit eines solchen Systems. Die meisten Untersuchungsteilnehmer befürworteten die neue Art der Bedienung.

Die Zweckmäßigkeit des TV-Bildschirms als Ein-/Ausgabedisplay wurde von einigen Untersuchungsteilnehmern bezweifelt. Zwar begrüßten sie die klare Informationsdarstellung, kritisierten jedoch die Notwendigkeit, den Bildschirm ununterbrochen in den Stand-By-Modus zu schalten. Dies wurde hauptsächlich bei der Nutzung des CD-Spielers abgelehnt. Hier könnte ein vergleichbares Display auf der Fernbedienung eine interessante Alternative sein.

Die Benutzungsschnittstelle wurde aufgrund der direkten und gut verständlichen Funktionalität vor allem beim Fernseher als leicht und einfach empfunden.

Die meisten Untersuchungsteilnehmer würden das neue System nicht häufiger benützen als ihr jetziges, sie würden es jedoch für TV und VCR klar bevorzugen.

Das Konzept einer Fernbedienung mit nur einer Taste wurde schnell verstanden und gegenüber herkömmlichen Fernbedienungen mit zahlreichen Tasten deutlich bevorzugt. Die Genauigkeit der Zeigerführung muß auf jeden Fall noch verbessert werden. Von den Untersuchungsteilnehmern vorgeschlagene Verbesserungen betrafen hauptsächlich die Fernbedienung (Genauigkeit, Form, Größe). Etwa ein Drittel der Untersuchungsteilnehmer würde eine Fernbedienung bevorzugen, die wenigstens die Tasten zum Ein- und Ausschalten von TV, VCR, DV und CD besitzt. Einige der Untersuchungsteilnehmer würden noch weitere Tasten auf der Fernbedienung begrüßen (z.B. zur Einstellung von Lautstärke, Farbe, Helligkeit und zur Stummschaltung des Tons).

Obwohl die Reaktionen der Untersuchungsteilnehmer insgesamt als positiv beurteilt werden können, muß man doch im Auge behalten, daß die Ergebnisse auf einer sehr kleinen Anzahl von Untersuchungsteilnehmern beruhen. So waren zwar die persönlichen Charakteristika wie Bildungsstand, Beruf, Alter usw. ausgewogen, können aber nicht als repräsentativer Querschnitt betrachtet werden. Da die Untersuchung keinen Vergleich verschiedener Benutzungsschnittstellen (z.B. herkömmlich vs. graphisch-interaktiv) beinhaltete, war es nicht möglich, den erhöhten Nutzen des Systems quantitativ exakter zu bestimmen. In der Tendenz waren die Ergebnisse sehr positiv. So konnten letztendlich alle Untersuchungsteilnehmer, unabhängig von Alter, Erfahrung oder Ausbildungshintergrund, die Programmierung des Videorekorders durchführen, die das größte Problem der meisten auf dem Markt befindlichen Geräte darstellt. Die wahrscheinlich interessierteste und kompetenteste Benutzergruppe werden voraussichtlich Personen im Alter zwischen 20 und 40 Jahren mit Grundkenntnissen im Umgang mit Computern und technischem Interesse an HiFi- und Videoausrüstungen sein.

6. Diskussion und Ausblick

6.1. Zusammenfassung

Schwerpunkte der Arbeit waren die Entwicklung einer Vorgehenssystematik zum Prototyping von Mensch-Geräte-Schnittstellen für den Bereich der Unterhaltungselektronik und ihre exemplarische Erprobung am Beispiel einer graphischen Mensch-Geräte-Schnittstelle für ein integriertes Audio/Video-System.

Die Vorgehenssystematik beschreibt einen Entwicklungsansatz, der die Ergebnisse von Anforderungsanalyse, Benutzerbefragung und kognitiver Modellierung in iteratives Design und Prototyping überleitet, wobei erforderliche Iterationsschritte aufgrund von Evaluationsergebnissen situationsspezifisch entschieden werden. Mit dem Anwendungsbeispiel wird gezeigt, daß graphisch-interaktive Benutzungsschnittstellen auch im Bereich der Unterhaltungselektronik gerade von technisch nicht versierten Anwendern erfolgversprechend genutzt werden können und in hohem Maße akzeptiert werden.

Zunächst wurde eine anthropozentrische Analyse der Anforderungen an ein A/V-System durchgeführt. Zur Klärung der Randbedingungen wurden technische Neuheiten des A/V-Systems nach ihren Auswirkungen auf Bedienungsaspekte abgeschätzt und entsprechende Gestaltungskonsequenzen abgeleitet. Auf dem Markt verfügbare Geräte wurden bezüglich Stärken und Schwächen bestehender Mensch-Geräte-Schnittstellen analysiert. Weiterhin waren technische Randbedingungen, die den Gestaltungsrahmen eingrenzen können, sowie die Anforderungen potentieller Benutzer abzuklären. Ein Satz von Benutzungsszenarien, der die wichtigsten Tätigkeiten bei der Nutzung eines integrierten A/V-Systems umreißt, wurde erstellt und im Verlauf des Entwicklungsprozesses erweitert. Die Szenarien wurden anhand von Benutzerbefragungen in GOMS-Modelle übersetzt und als Basis für spätere Design- und Evaluationsschritte verwendet.

Für das Design der Mensch-Geräte-Schnittstelle wurden Dialogobjekte spezifiziert, die Dialogstruktur für Benutzertätigkeiten und Gerätefunktionen entworfen, und schließlich das syntaktische Design, Layout von Bildschirmelementen, die Benutzerführung und das interaktive Feedback gestaltet. Hierzu wurde ein objektorientierter Gestaltungsansatz entwickelt, eine Dokumentationstechnik zur Beschreibung graphischer Benutzungsschnittstellen auf der Basis von Petri-Netz-Elementen vorgestellt und software-ergonomische Gestaltungsprinzipien für das Informationsdesign herangezogen. Einzelne Analyse- und Designschritte wurden innerhalb eines iterativen Gesamtkonzepts mehrere Male wiederholt und in verschiedene Prototypen umgesetzt. Art und Anzahl benötigter Prototypen wurden in einem Prototypingkonzept festgelegt. Dieses wiederum bildete die Basis für das Evaluationskonzept, in dem Maßnahmen und Ziele zur Evaluation der Prototypen festgelegt wurden.

Für das Anwendungsbeispiel wurde ein erster Prototyp, der rudimentär bedient werden konnte, ohne direkt mit TV-, VCR-, CD- und DV-Geräten verbunden zu sein, bereits sehr früh entwickelt und mit Entscheidungsträgern diskutiert. Ein zweiter Prototyp wurde ebenfalls vor der Anbindung der Mensch-Geräte-Schnittstelle an reale A/V-Geräte entwickelt, um weitestgehende Klarheit über die mögliche Funktionalität eines integrierten A/V-Systems zu erhalten. Schließlich wurde ein dritter Prototyp implementiert, der den interaktiven Zugriff auf reale A/V-Geräte gestattete. Dieser Prototyp wurde anhand von Benutzerbeobachtungen untersucht. Für die Evaluation wurden die zu Beginn entwickelten Szenarien herangezogen und Benutzern als Aufgabe gestellt. Die Ergebnisse jeder Prototypevaluation wurden bezüglich vorab festgelegter Evaluationskriterien ausgewertet und in neue Designentscheidungen umgesetzt.

6.2. Diskussion und Bewertung des Methodenkonzepts

Obwohl in der Literatur häufig von der Vorstellung ausgegangen wird, daß Software letztendlich aus Analysedaten automatisch generiert werden kann (IAT, 1991b), ist die Forschung bei der Gestaltung von Mensch-Geräte-Schnittstellen sehr weit von diesem Ziel entfernt, und es ist zu bezweifeln, ob dieses Ziel überhaupt erreicht werden kann. Analyseergebnisse können Designentscheidungen nie vollständig determinieren, sie können lediglich bestimmte Designalternativen ausgrenzen. Innerhalb dieser Grenzen belassen sie aber immer noch große Freiheitsgrade. Umso wichtiger ist es, daß Analyseschritte sehr benutzerzentriert ausgelegt sind, so daß unergonomische Lösungen leichter ausgeschlossen werden können. Daher wurden nur solche Analysen durchgeführt, deren Ergebnisse direkt in benutzerorientiertes Design einfließen. Verbleibende Freiheitsgrade für die Ausgestaltung der Mensch-Geräte-Schnittstelle müssen auch bei sehr detaillierten Analysen nach software-ergonomischen Kriterien evaluiert werden.

Evaluationsmaßnahmen sollten sehr früh einsetzen und in bestimmten Abständen wiederholt werden. Dies ist nur möglich, wenn Prototypen der Mensch-Geräte-Schnittstelle entwickelt und schrittweise verfeinert werden. Iteratives Prototyping löst somit Probleme herkömmlicher, phasenorientierter Top-Down-Strategien, die durch starre Abfolgen einzelner Entwicklungsphasen Anpassungsarbeiten nicht vor der Wartungsphase vorsahen. Es fördert den Verzicht auf die sofortige Realisierung einer maximalen Funktionalität zugunsten einer Grundfunktionalität mit offener Architektur, die kontinuierlich nach aktuellen Erfordernissen erweitert werden kann (Boehm, 1988).

Komfortable Prototypingtools haben bisher kaum Schnittstellen zu Geräten, die in der Unterhaltungselektronik zum Einsatz kommen. Für weitere Entwicklungen ist es unabdingbar, in Benutzertests auch direktes Arbeiten mit A/V-Geräten einzubeziehen. So kann es zum Beispiel wichtig sein zu untersuchen, welche Tätigkeiten der Benutzer lieber direkt am Gerät oder lieber ferngesteuert durchführt. Hier besteht ein großer Erweiterungsbedarf bestehender Software-Werkzeuge.

Es gibt eine Reihe von Bedienungsproblemen im Bereich der Unterhaltungselektronik, die nur indirekt mit der Mensch-Geräte-Schnittstelle zu tun haben (z.B. der Benutzer findet benötigte Video-Cassetten nicht wieder, oder überspielt häufig ungewollt Aufnahmen). Solche "organisatorischen" Faktoren müssen in Zukunft stärker berücksichtigt werden, da sie die Funktionalität und Gestaltung der Oberfläche indirekt mitbeeinflussen.

Die in der Vorgehenssystematik vorgeschlagenen Evaluationsschritte kombinieren objektive Maße mit subjektiven und liefern qualitative wie quantitative Ergebnisse. Eine solche Redundanz ist beabsichtigt, da hierdurch die Validität und Aussagekraft einzelner Ergebnisse auch bei geringen Benutzerzahlen besser abzuschätzen ist. Zwar ließe sich die Validität von Benutzerbeobachtungen auch durch eine größere Anzahl untersuchter Personen gewährleisten. Der entsprechend erhöhte Untersuchungsaufwand steht aber nicht in Einklang mit dem Ziel einer bereits in frühen Entwicklungsphasen leicht durchführbaren Evaluation. Der Verzicht auf größere Benutzergruppen wurde auch dadurch kompensiert, daß bei jeder weiteren Evaluation ein neuer Personenkreis mit anderen Benutzercharakteristika einbezogen wurde. Wesentlichen Akzeptanz- und Verständnisunterschiede zwischen verschiedenen Benutzerkreisen konnten, außer bei wenigen Computerexperten, nicht aufgedeckt werden, was für die Generalisierbarkeit der Ergebnisse spricht.

In den frühen Entwicklungsphasen wurden gezielt qualtitative Auswertungen, durch die ungünstige Designlösungen aufgedeckt werden können, in den Vordergrund gestellt. Wenn bei einem Benutzer ein Problem identifiziert werden konnte, bleibt der Erkenntnisgewinn gleich, auch wenn dasselbe Problem noch bei 20 weiteren Personen beobachtet wird. Zählt dieser Benutzer darüberhinaus zu der Benutzergruppe mit den voraussichtlich ungünstigsten Ausgangsbedingungen, kann davon ausgegangen werden, daß die wesentlichsten Bedienungsprobleme eruiert werden. Die Überlegenheit von Benutzerbeobachtungen (usability tests) gegenüber Expertenevaluationen wurden von Karat et al. (1992) nachgewiesen.

Prümper et al. (1993) konnten bestätigen, daß Evaluationsergebnisse, die an Prototypen gewonnen werden, der Evaluation an realen Geräten entsprechen.

Aufwendige, statistisch abgesicherte Auswertungen sind dann sinnvoll, wenn der positive Nachweis erbracht werden soll, daß nicht nur ein eng umgrenzter Personenkreis mit dem System zurechtkommt. Diese Fragestellung wird aber erst zu einem relativ späten Entwicklungszeitpunkt relevant und ist umso unkritischer, je besser benutzerorientierte Designansätze umgesetzt wurden.

Das iterative Design kann nach Bedarf durch verschiedene Maßnahmen erweitert werden. Gould et al. (1987) beschreiben interessante Ansätze, die bei der Gestaltung des Olympic Message Systems getestet wurden. Dazu gehören beispielsweise:

- das frühzeitige, iterative Entwickeln von Benutzerleitfäden,
- vielfältige Präsentationen bei unterschiedlichsten Benutzergruppen,
- das Aufstellen von Prototypen an Orten, an denen viele potentielle Nutzer des Systems vorbeikommen und sich zu explorativem Spielen mit dem System anregen lassen,
- spielerische Wettbewerbe nach dem Motto "Wer findet noch einen schweren Bedienungsmangel?" oder "Wer bringt das System noch zum Absturz?".

Es hat sich als vorteilhaft erwiesen, das Design- und Evaluationsteam personell unterschiedlich zu besetzen. Im Design bereits involvierte Evaluatoren sind mit bestehenden Designlösungen oft so vertraut, daß sie bestimmte Bedienungsprobleme von vornherein als unvermeidbar einstufen und daher bei der Evaluation Lösungsalternativen übersehen.

Obwohl die Vorgehenssystematik speziell für graphische Mensch-Geräte-Schnittstellen in der Unterhaltungselektronik konzipiert wurde, sind verschiedene Erweiterungen denkbar. Sicherlich lohnt es sich, die Arbeitsschritte der Anforderungsanalyse auch bei Geräten der Unterhaltungselektronik mit anderen Benutzungsschnittstellen zu übernehmen, auch wenn sie aus nur wenigen Tasten oder Schaltern bestehen.

Eine andere Erweiterungsmöglichkeit erstreckt sich auf verwandte Anwendungsgebiete (Plaisant, et al., 1990; Mountford, 1992). Dabei ist nicht nur an "weiße Produkte", wie etwa Wasch- und Spülmaschinen (Prümper et al., 1993), zu denken, sondern auch an Kontrollgeräte für Heizungssteuerung (Moore & Dartnall, 1982), Sicherungs- und Alarmanlagen (ESPRIT III-Forschungsprogramm, 1991) oder an moderne Kommunikationsmittel (multifunktionale ISDN-Geräte, Anrufbeantworter, Videotextsysteme, Fax oder Bildtelefon). Dabei ist zu beachten, daß die erforderlichen Prototypen zum Teil andere Charakteristiken aufweisen müssen. Ein Prototyp für ein Zugangskontrollsystem darf nicht nur das Gerät selbst simulieren. Da der Benutzer in der Praxis eine Reihe zusätzlicher Informationskanäle wie etwa Lichtveränderungen, Geräusche oder veränderte Luftströmungen auswertet, müssen diese Informationen auch bei einem Prototypen durch adäquates Feedback kompensiert werden. Das Evaluationskonzept selbst kann auch auf solche Produkte leicht übertragen werden.

Ein weiteres Anwendungsgebiet entsteht derzeit in der Produktgruppe der Personal Digital Assistants (PDAs), die die Leistungsfähigkeit heutiger High-End-Rechner (RISC-Prozessoren) für den Endverbraucher in Form kleiner, maximal taschenbuchgroßer Geräte zugänglich macht (Linderholm, 1992). Durch die Entwicklung von PDAs vollzieht sich ein Wechsel vom Personal-Computer zum Intim-Computer (Kay, 1992), den der Benutzer jederzeit als Steuerzentrale und elektronischen Helfer bei sich tragen kann. Über drahtlose Technologien wird sowohl umfangreiche Datenkommunikation als auch die mobile Bedienung stationärer Geräte möglich. PDAs müssen als jüngste Kategorie mikroprozessor-basierter Endgeräte für private Haushalte gesehen werden.

Miles (1989) sieht drei Motive, die die Geräteintegration künftig vorantreiben werden:

- das Bedürfnis nach Komfort (zum Beispiel einer Person, die sich gerade in einem anderen Raum aufhält, Nachrichten zukommen lassen; oder die Haustür elektronisch verriegeln, während man fernsieht),
- das Bedürfnis nach erhöhter Sicherheit (zum Beispiel von unterwegs den Sicherheitszustand des Hauses kontrollieren),
- das Bedürfnis nach Automatisierung (zum Beispiel daß elektronische Geräte ihren Stromverbrauch über Verbrauchsmesser den günstigsten Tarifzeiten anpassen).

Es muß aber noch einmal betont werden, daß der Vorgehenssystematik ein anthropozentrischer Ansatz zugrunde liegt und daher nicht das technisch Machbare, sondern die Nützlichkeit für den Benutzer im Vordergrund steht. Es darf bezweifelt werden, daß das "electronic cottage scenario" (Forester, 1980, 1989) ein erstrebenswertes Ziel darstellt. Durch die konsequente Orientierung an für den Benutzer sinnvollen Nutzungsszenarien, die Berücksichtigung psychologischer Konzepte zur Informationsverarbeitung, Handlungsplanung und -steuerung sowie Evaluationen durch Benutzer selbst, konnte eine Mensch-Geräte-Schnittstelle entwickelt werden, die nicht nur eine Ansammlung von mehr oder weniger sinnvollen Funktionen mit inkonsistenten Ein- und Ausgabetechniken darstellt. Der überwiegende Teil der Benutzungsschnittstelle des A/V-Systems kann nach der dritten Evaluation als leicht bedienbar gelten. Im Gegensatz zu vielen auf dem

Markt erhältlichen Produkten sind bereits auch die Komponenten identifiziert, die noch nicht einfach genug zu bedienen sind. Dazu gibt es aufgrund der Evaluationen bereits Hypothesen über Ursachen und Behebungsmöglichkeiten, die in weiteren Iterationsschritten ausgetestet werden können.

6.3. Bewertung des Anwendungsbeispiels

Obwohl das Anwendungsbeispiel nur Ausschnitte der Gesamtfunktionalität eines integrierten A/V-Systems auslotet, ist das Prototyping graphischer Mensch-Geräte-Schnittstellen in der Unterhaltungselektronik prinzipiell bis zur Produktreife nutzbar. Auch bei ersten Pilotinstallationen können Benutzerevaluationen noch neue Gestaltungsgesichtspunkte aufdecken, die bei der Anforderungsanalyse und dem Design weiterer Produktversionen berücksichtigt werden können.

Dem Neuheitscharakter der Mensch-Geräte-Schnittstelle ist zuzuschreiben, daß bei der quantitativen Bewertung der Prototypen relativ weite Grenzen zwischen angestrebten Mindest- und Zielwerten zugelassen wurden. Erst die Meßwerte der Erstevaluation des A/V-Systems können als realistische Grenzwerte angesehen werden, die bei weiteren Iterationsschritten übertroffen werden sollten. Im praktischen Einsatz des Methodenkonzepts ist zu beachten, daß gerade im Bereich der Unterhaltungselektronik sehr hohe Meßwerte wichtig sind, da die Benutzer, anders als viele Computerbenutzer, auf zahlreiche Alternativprodukte ausweichen können.

Vor der Produktfertigstellung sollten sicherlich eine wesentlich breitere Funktionalität und weitere Integrationsaspekte der kombinierten A/V-Geräte untersucht werden. Hierzu wurden im Design des Grobentwurfs bereits eine Reihe innovativer Ideen entwickelt, wie zum Beispiel direkt manipulative Eingaben (Positionierung des Zweitbildes, Verschieben des TV-Piktogramms auf VCR-Piktogramm um eine Sofortaufnahme zu starten, etc.) oder Titeleingaben für programmierte Sendungen. Diese mußten in der Realisierung allerdings noch bis zur Verfügbarkeit leistungsfähigerer Entwicklungsumgebungen für den A/V-Bereich zurückgestellt werden.

6.4. Gestaltungsempfehlungen für zukünftige Benutzungsschnittstellen

Das Anwendungsbeispiel lieferte im Verlauf des iterativen Entwicklungsprozesses eine Reihe von Gestaltungsregeln, die sich als besonders wichtig für die Bedienbarkeit der graphischen Benutzungsschnittstelle des A/V-Systems erwiesen haben. Diese sind zwar in der einen oder anderen Form auch in gängigen Richtliniensammlungen enthalten, sollen hier aber noch einmal kurz zusammengefaßt werden.

- Anstelle von hierarchischen Menüs oder Bildschirmmasken, die jeweils den kompletten Bildschirm einnehmen, sollten Fenster verwendet werden, die das Einblenden begrenzter Informationsbereiche erlauben und dennoch den aktuellen Arbeitskontext erhalten.

  Anwendungsbeispiel im A/V-System:

  - Funktionen, die für den Benutzer eher zweitrangig sind, wie etwa das Verändern der Farbe oder des Kontrasts, brauchen nicht die ganze Zeit auf dem Display vollständig angezeigt zu werden, sie sollten aber dennoch leicht zugänglich bleiben. Aus diesem Grund wurde ein "Platzhalter" eingeführt, durch den sich ein Fenster öffnen läßt und die entsprechenden Eingaben getätigt werden können. Der übrige Arbeitskontext außerhalb des Fensters bleibt weiterhin zugänglich, so daß der Benutzer die Orientierung innerhalb des Dialoges nicht verliert.

- Die Bedienbarkeit kann verbessert werden, wenn dem Benutzer Informationen direkt, ohne intermittierende Kodierungsschemata präsentiert werden (Direktheitsprinzip; Hutchins et al., 1986).

  Anwendungsbeispiel im A/V-System:

  - Die Darbietung von Sender-Namen oder Sender-Logos kann im Vergleich zur üblichen Kodierung über Nummern für die einzelnen Sender von Benutzern effizienter und fehlerfreier genutzt werden.

- Informationsdarstellung sollte auf das Wesentlichste beschränkt bleiben. Tasten, die in einer bestimmten Situation nicht selektiert werden können, erscheinen daher nicht auf dem Display (diese Regel weicht nach stichprobenartiger Überprüfung bewußt von gängigen Empfehlungen aus dem Computerbereich ab).

  Anwendungsbeispiel im A/V-System:

  - Während der Benutzer den VCR programmiert, kann er nicht gleichzeitig die Wiedergabe starten; aus diesem Grund wird diese Taste durch das Programmier-Fenster verdeckt.

- Für jede einzelne Eingabe des Benutzers ist ein angemessenes Feedback erforderlich. Das Auge wird dadurch so geführt, daß Fehleingaben seltener übersehen werden.

  Anwendungsbeispiel im A/V-System:

  - Manipulationen des Zeigeinstruments werden in Bewegungen eines Zeigers am Bildschirm umgesetzt; die Bewegung des Zeigers über ein selektierbares Objekt wird durch einen Rahmen gekennzeichnet, der um dieses Objekt eingeblendet wird; das Drücken der Selektionstaste auf dem Zeigeinstrument wird durch ein verändertes Zeiger-Symbol rückgemeldet; nach Loslassen der Taste erscheint wieder das Originalsymbol.

- Der Benutzer muß jederzeit genau erkennen können, an welcher Stelle auf dem Bildschirm sich der Eingabefokus befindet.
  Anwendungsbeispiel im A/V-System:
  - Selektierbare Bereiche werden durch eine Umrandung hervorgehoben, solange der Zeiger über dieses Feld geführt wird.

- Selektierbare Bildschirmobjekte müssen sich deutlich von solchen unterscheiden, die lediglich Informationen anzeigen und nicht manipulierbar sind.
  Anwendungsbeispiel im A/V-System:
  - Tasten haben einen anderen Hintergrund und andere Rahmen als Statusanzeigen.

- Piktogramme sollten mit Namen und Bezeichnungen kombiniert werden, wenn sie nicht ausreichend selbsterklärend sind.
  Anwendungsbeispiel im A/V-System:
  - Logos der einzelnen TV-Sender sind zwar eindeutig; da sie aber nicht immer den Namen des Senders anzeigen, können viele Benutzer die Logos nicht richtig interpretieren. Hier sind zusätzliche Textbezeichnungen erforderlich.

- Bei Toggle-Schaltern muß erkennbar sein, welches der augenblickliche Zustand ist und welcher Zustand nach einer Selektion resultiert.
  Anwendungsbeispiel im A/V-System:
  - Die Zweitbild-Taste zeigt jeweils den Zustand an, der nach der nächsten Selektion eingeschaltet wird. Es erscheint ein kleines Fenster auf dem TV-Piktogramm, solange das Zweitbild nicht eingeschaltet ist. Der aktuelle Zustand ist außerdem am Bildschirm selbst erkennbar.

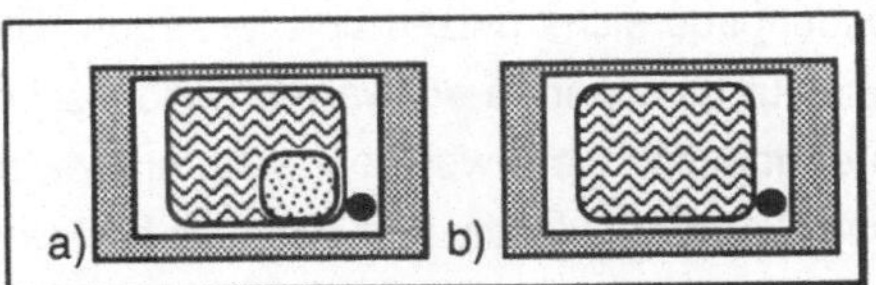

Abbildung 66: Informationsgestaltung bei Toggle-Schaltern am Beispiel der Zweitbild-Taste,
a) zeigt den Grundzustand, d.h. nach der Selektion erscheint das Zweitbild,
b) zeigt an, daß nach der nächsten Selektion das Zweitbild ausgeschaltet wird.

- Farben müssen sparsam verwendet werden.
  Anwendungsbeispiel im A/V-System:
  - Eine einzige Farbe wird eingesetzt, um wichtige Aspekte hervorzuheben und gegen andere abzusetzen. Die Farbe Grün signalisiert, daß etwas eingeschaltet ist. Sie kennzeichnet zum Beispiel den momentanen Wert eines Radio-Schalters. Sie wird für die Rahmen von Fenstern verwendet,

kennzeichnet den aktuellen Eingabefokus, usw. Weitere Farben werden nur für die "originalgetreuen" Logos der TV-Sender verwendet.

- Bei komplexen Änderungen am Bildschirm ist kontinuierliches Feedback erforderlich. Dadurch kann der Benutzer Veränderungen am Bildschirm verfolgen und verstehen. Wenn viel Information ganz plötzlich eingeblendet wird, bemerkt der Benutzer die Veränderung oft nicht oder er muß die gesamte Bildschirminformation noch einmal analysieren, um genau zu erkennen, welche Information neu ist. In diesem Fall ist die Effizienz des Benutzers deutlich reduziert.

Anwendungsbeispiel im A/V-System:

- Das Einblenden neuer Fenster wird in mehreren Etappen durchgeführt, so daß der visuelle Eindruck entsteht, das Fenster wird vom Auslösepunkt allmählich bis zu seiner Endgröße vergrößert.

6.5.   Methodischer Ausblick

Einige Arbeitsschritte der vorgestellten Vorgehenssystematik lassen sich vereinfachen, sobald sie rechnerunterstützt durchgeführt werden können. Zum Beispiel sind die aufgeführten Checklisten oder Fragenkataloge einfacher zu handhaben, wenn am Computer dynamische Anpassungen vorgenommen werden können, wie das Ausblenden nicht relevanter Teile, das Duplizieren mehrfach benötigter Fragen oder das Vergrößern von Eingabebereichen. Werkzeugunterstützung ermöglicht im wesentlichen eine effizientere Entwicklung der Mensch-Geräte-Schnittstellen. Auswirkung auf die Qualität der Software-Entwicklung ist dagegen zu erwarten, wenn für das Prototyping der Heimgeräte spezialisierte User Interface Management Werkzeuge entwickelt werden, die Standarddialogelemente des Anwendungsbereichs nutzen und festlegen. Diese Dialogelemente müssen zum einen auf gesicherten software-ergonomischen Kenntnissen aufbauen, zum anderen müssen sie erweiterbar sein, um jeweils firmenspezifische Stilunterschiede und Corporate Identity Konventionen berücksichtigen zu können.

Auch das Sammeln von Daten zu Benutzungshäufigkeit und Bedienungsfehlern kann durch Werkzeugunterstützung erleichtert werden. In einer Untersuchung zur Funktionalität von Autoradios wurde die eingebaute Software so umgestellt, daß sämtliche Benutzereingaben über einen längeren Zeitraum automatisch aufgezeichnet werden konnten (van Nes, 1992). Mit solchen Lösungen könnte die explorative Produktuntersuchung weitgehend durch automatisierte Analysen der Benutzungsdaten ersetzt und das Entwicklungsverfahren beschleunigt werden.

Die Auswahl relevanter Gestaltungsrichtlinien kann erleichtert werden, wenn Richtlinienkataloge in elektronischer Form vorgehalten und flexible Selektionskriterien zur Verfügung gestellt werden (Marmolin, 1990). Denkbar sind individuelle Zusammenstellungen nach Gestaltungszielen (Selbsterklärungsfähigkeit, Erlernbarkeit, etc.), nach Designthemen (Icondesign, Farbgestaltung, Menüauswahl, etc.) oder nach technischen Randbedingungen (alle Regeln, die Mauseingaben zulassen, etc.). Die Ausgabe einer entsprechend individualisierbaren Checkliste (Oppermann, 1988; Taylor et al., 1989; Marmolin, 1990; Oppermann & Reiterer, 1992) ist dabei interessant.

Ein Richtlinienkatalog für den A/V-Bereich ist derzeit noch nicht verfügbar, befindet sich aber in Vorbereitung (IAT, 1992).

7.　　Literatur

1.　Altey, J.L., Mullin, J., Weir, G.: Survey of Dialogue Systems and Literature on Dialogue Design. ALVEY Man Machine Interaction Unit, 1986

2.　Ackermann, D., Ulich, E.: On the Question of Possibilities and Consequences of Individualisation of Human-Computer Interaction. In: Frese, M., Ulich, E., Dzida, W. (Eds.) Psychological Issues of Human-Computer Interaction in the Work Place. Amsterdam: North-Holland, (1987)

3.　Altmann, A.: Direkte Manipulation: Empirische Befunde zum Einfluß der Benutzeroberfläche auf die Erlernbarkeit von Textsystemen. Zeitschrift für Arbeits- und Organisationspsychologie, 31, 3, 108-114 (1987)

4.　Apple: Human Interface Guidelines. The Apple Desktop Interface. Massachusetts: Addison-Wesley, 1987

5.　Apple: Inside Macintosh. Volume I-V. Massachussetts: Addison-Wesley, 1990

6.　Bailey, R. W.: Human Performance Engineering: A Guide for System Designers. New Jersey: Prentice Hall, 1982

7.　Bailin, S.C.: An Object-Oriented Requirements Specification Method. Communications of the ACM 5, 608-623 (1989)

8.　Balzert, H.: Software-Ergonomie und Software-Engineering. Habilitationsschrift, Stuttgart: 1987

9.　Bastide, R., Palanque, P.: Petri Net Objects for the Design, Validation and Prototyping of User-Driven Interfaces. In: Diaper, D. et al. (Eds.) INTERACT ´90. Amsterdam: North-Holland, 1990

10.　Boehm, B.W.: A Spiral Model of Software Development and Enhancement. IEEE Computer, 5 (1988)

11.　Booth, P.A.: An Introduction to Human-Computer-Interaction. Lawrence Erlbaum: Hove, 1990

12.　Bortz, J.: Lehrbuch der empirischen Forschung. Springer: Berlin, 1984

13.　Brigham, F.R.: Statistical Methods for Testing the Conformance of Products to User Performance Standards. Behaviour and Information Technology, 8, 4, 279-283 (1989)

14.　Brouwer-Janse, M.D.: Interfaces for Consumer Products. "How to Camouflage the Computer?" Proceedings of CHI´92, New York: ACM, 1992

15.　Brown, C.M.: Human Computer Interface Design Guidelines. Norwood: Ablex Publishing, 1988

16.　Bullinger, H.-J., Fähnrich, K.-P.: Symbiotic Man-Computer-Interfaces and the User Agent Concept. In: Salvendy, G. (Ed.) Proceedings of the 1st USA-Japan Conference on Human-Computer Interaction. Honolulu, 1984, Amsterdam: North-Holland, 1984

17.　Bullinger, H.-J.: Grundsätze der Dialoggestaltung. Handbuch der modernen Datenverarbeitung, Heft 126, Stuttgart: Forkel-Verlag, 1985

18.　Bury, K. F.: The Iterative Development of Usable Computer Interfaces. In: Shackel, B. (Ed.) Human-Computer Interaction. Proceedings of INTERACT 84 in London. Amsterdam: North-Holland, 1984

19.　Butler, K.A.: Connecting Theory and Practice: A Case Study of Achieving Usability Goals. Proceedings of CHI ´85: Human Factors in Computing Systems. New York: ACM, 1985

20.　Capital: Wahlhilfe. Heft 11, S. 298-318 (1990)

21.　Card, S.K., Moran, T.P., Newell, A.: The Psychology of Human-Computer-Interaction. Hillsdale, N.J.: Lawrence Erlbaum, 1983

22.　Carroll, J.M., Mack, R.L., Robertson, S.R.: Exploring Exploring a Word Processor. Human Computer Interaction, 1, 283-307 (1985)

23.　Carroll, J.M., Campbell, R.L.: Softening Up Hard Science: Reply to Newell and Card. Human-Computer Interaction, 2, 227-250 (1986)

24. Carroll, J.M., Rosson, M.B.: Getting Around the Task-Artifact Cycle: How to Make Claims and Design by Scenario. IBM Research Report RC 17908, Yorktown Heigths, 1991

25. Chen, P.: The Entity-Relationship Model. Towards a Unified View of Data. ACM Transactions on Database Systems, 1 (1), 9-36 (1976)

26. Damodaran, L.: User Involvement in System Design. Data Processing, 25 (6), 6-13 (1983)

27. Dehnert, E.: Specification and Design of Dialog Systems with State Transition Diagrams. In: Morlet, E., Ribbens, D. (Eds.) Proceedings of the International Computing Symposium. Amsterdam: North-Holland, 1977

28. DeMarco, T.: Structured Analysis and System Specification. Prentice-Hall, Englewood Cliffs, N. J. (1978)

29. DIN-Norm 66234: Bildschirmarbeitsplätze. Berlin: Beuth Verlag, 1988.

30. DIN-Norm 66234-8: Grundsätze ergonomischer Dialoggestaltung. Berlin: Beuth Verlag, 1988.

31. Draper, S.W., Norman, D.A.: Software Engineering for User Interfaces. IEEE Transactions on Software Engineering, SE-11, 252-258 (1985)

32. Dunckel, H.: Arbeitspsychologische Kriterien zur Beurteilung und Gestaltung von Arbeitsaufgaben im Zusammenhang mit EDV-Systemen. In: Maaß, S., Oberquelle, H. (Hrsg.) Software-Ergonomie '89 - Aufgabenorientierte Systemgestaltung und Funktionalität. Stuttgart: Teubner, 1989

33. Dzida, W., Herda, S., Itzfeld, W. D.: User-Perceived Quality of Interactive Systems. IEEE Transactions on Software Engineering 4/4, 270-276 (1978)

34. Dzida, W.: A Methodological Framework for Software-Ergonomic Evaluation. In: Veer, G.C. van der (Ed.) Interacting with Computers. Amsterdam: Stichting Inform. Tech., 1991

35. Erickson, T., Salomon, G.: Designing a Desktop Information System: Observations and Issues. Proceedings of CHI´91 Reaching Through Technology. ACM: New York, 1991

36. ESPRIT III: Systems for Homes and Buildings. Entwicklungsprogramm der EG, 1991

37. Fähnrich, K.-P., Ziegler, J.: HUFIT. Human Factors in Information Technology. In: Schönpflug, W., Wittstock, M. (Hrsg.) Software-Ergonomie ´87. Nützen Informationssysteme dem Benutzer? Berichte des German Chapter of the ACM, Bd. 29. Stuttgart: Teubner, 1987

38. Fähnrich, K.-P., Görner, C.: Werkzeuge zum Unternehmenserfolg: Methoden zur Entwicklung und Anwendung innovativer Informations- und Kommunikationstechnologien. In: Bullinger, H.-J. (Hrsg.) Büroforum 1989. Integrationsmanagement. Baden-Baden: FBO-Verlag, 1989

39. Fähnrich, K.-P., Janssen, C., Groh, G.: Neue Konzepte für Software-Entwickler. Software-Werkzeuge für die Entwicklung von GUIs. Computerwoche Focus, 2, (1992)

40. Fischer, G.: Menschengerechte Computersysteme - mehr als ein Schlagwort. In: Fischer, G., Gunzenhäuser, R. (Hrsg.) Methoden und Werkzeuge zur Gestaltung benutzergerechter Computersysteme. Berlin: de Gruyter, 1986

41. Foley, J.D., Sibert, J.L.: User-Computer Interface Design. Tutorial at CHI´89

42. Forester, T.: The House of the Future? New Society, 8, 393-394 (1980)

43. Forester, T.: The Myth of the Electronic Cottage. In: Forester, T. (Ed.) Computers in the Human Context: Information Technology, Productivity and People. Oxford: Basil Blackwell, 1989

44. Frese, M., Peters, H.: Zur Fehlerbehandlung in der Software-Ergonomie: Theoretische und praktische Überlegungen. Zeitschrift für Arbeitswissenschaft 42/1, 9-17 (1988)

45. Frese, M., Brodbeck, F.C.: Computer in Büro und Verwaltung. Berlin: Springer, 1989

46. Galer, M.D., Harker, S.D.P., Ziegler, J. (Eds.): Methods and Tools in User-Oriented Design in Information Technology. Amsterdam: Elsevier Science Publishers BV, 1991

47. Galitz, W.: Handbook of Screen Format Design. Amsterdam: North-Holland, 1985

48. Gardiner, M.M., Christie, B.: Applying Cognitive Psychology to User Interface Design. Chichester: Wiley, 1987

49. Geitz, B.: Was Window-Manager in der Leittechnik leisten sollten. Elektronik, 16 (1991)

50. Görner, C., Vossen, P.H., Ziesing, F.: Einfluß verschiedener Medien auf die Benutzbarkeit von Entwurfsrichtlinien für Menüsysteme. Interne Studie des Fraunhofer-Instituts für Arbeitswirtschaft und Organisation, 1991

51. Görner, C., Ilg, R.: Evaluation der Mensch-Rechner-Schnittstelle. In: Ziegler, J., Ilg, R. (Hrsg.) Benutzergerechte Software-Gestaltung. München: Oldenbourg, 1993.

52. Görner, C., Ziegler, J., Cyrus, J., Witt, R.: Effiziente Schwangerschaftsdiagnostik durch benutzerangemessene Mensch-Rechner-Kommunikation. Medizintechnik, 110, 4, 129-137 (1990)

53. Gorny, R., Viereck, A., Daldrup, U., Qin, L., Forbrig, P., Schlungbaum, E., Benzien, G., Dittmar, A.: EXPOSE - Expertensystem zur phasenorientierten Software-Ergonomie-Beratung bei der Benutzungsschnittstellen-Entwicklung. 1. Zwischenbericht. Universität Oldenburg, Universität Rostock, 1993

54. Gould, J., Lewis, C.: Designing for Usability: Key Prinicples and What Designers Think. In: Shackel, B. (Ed.) Proceedings of the INTERACT '84. Amsterdam: North-Holland, 1985

55. Gould, J.D., Boies, S.J., Levy, S., Richards, J.T., Schoonard, J.: The 1984 Olympic Message System: A Test of Behavioral Principles of System Design. Communications of the ACM, 30, 9, 758-769 (1987)

56. Gray, W.D., Bonnie, E.J., Stuart, R., Lawrence, D., Atwood, M.E.: GOMS Meets the Phone Company: Analytic Modeling Applied to Real-World Problems. In: Diaper, D. (Eds.) Proceedings of INTERACT '90: Human-Computer Interaction. Amsterdam: North-Holland, 1990

57. Green, T, Schiele, F., Payne, S.: Formalisable Models of User Knowledge in Human-Computer Interaction. In: Green, T., Hoc, J., Muray, D., van der Veer, G. (Eds.) Theory and Outcomes in Human-Computer Interaction. London: Academic Press, 1988

58. Greif, S., Gediga, G.: A Critique and Empirical Investigation of the "One-Best-Way-Models" in Human-Computer Interaction. In: Frese, M, Ulich, E., Dzida, W. (Eds.) Psychological Issues of Human Computer Interaction in the Work Place. Amsterdam: Elsevier, 1987

59. Hacker, W.: Software-Gestaltung als Arbeitsgestaltung. In: Fähnrich, K.-P. (Hrsg.) Software-Ergonomie. München: Oldenbourg, 1987

60. Heeg, F.J.: Untersuchungen zur Gestaltung von Mensch-Computer-Dialogen nach software-ergonomischen Kriterien. Habilitationsschrift an der Fakultät für Maschinenwesen der RWTH Aachen, 1987

61. Heinecke, A.M. Gestaltungsempfehlungen für Benutzungsoberflächen von CAD-Systemen. Ergonomie & Informatik, 15 (3), 18-24 (1992)

62. Hewett, T.T.: The Role of Iterative Evaluation in Designing Systems for Usability. In: Harrison, M.D., Monk, A.F. (Hrsg.) People and Computer: Designing for Usability. Cambridge: Cambridge University Press, 1988

63. Hoffmann, : Handbuch zur software-ergonomischen Gestaltung von Bildschirmmasken. 1989

64. Hoppe, H.U.: Werkzeuge für die Prototypentwicklung von Benutzerschnittstellen. In: Balzert, H., Hoppe, H.U., Oppermann, R., Peschke, H., Rohr, G., Streitz, N.A. (Hrsg.) Einführung in die Software-Ergonomie. Berlin: De Gruyter, 1988

65. Houde, S.: Iterative Design of an Interface for Easy 3-D Direct Manipulation. Proceedings of CHI'92, New York: ACM, 1992

66. Hutchins, E.L., Hollan, J.D., Norman, D.A.: Direct Manipulation Interfaces. Norman, D.A., Draper, S.E. (Eds.) User-Centred System Design: New Perspectives on Human-Computer Interaction. Lawrence Erlbaum: Hillsdale, N.J., 1986

67. IAT: TASK - Technik der aufgaben- und benutzerangemessenen Software-Konstruktion. Forschungsprogramm Arbeit und Technik (AuT) Zwischenbericht. Stuttgart: Institut für Arbeitswissenschaft und Technologiemanagement (IAT), 1991a

68. IAT: Unterstützungswerkzeuge zur benutzergerechten Gestaltung der Mensch-Computer-Schnittstelle. Forschungsprogramm Arbeit und Technik (AuT) Zwischenbericht. Stuttgart: Institut für Arbeitswissenschaft und Technologiemanagement (IAT), 1991b

69. IAT: FACE: Market Survey, Usage Study and Analysis of Functions and User Interface Techniques for Home Electronic Products. Esprit Project 6994. Unveröffentlichter Zwischenbericht, 1992

70. IBM: Systems Application Architecture, Common User Access (CUA): Basic Interface Design Guide. IBM (1989a)

71. IBM: Systems Application Architecture, Common User Access (CUA): Advanced Interface Design Guide. IBM (1989b)

72. IBM: Systems Application Architecture, Common User Access (CUA): Guide to User Interface Design. IBM (1991a)

73. IBM: Systems Application Architecture, Common User Access (CUA): Advanced Interface Design Reference. IBM (1991b)

74. ISO-Norm 9241: Ergonomic Requirements for Office Work With Visual Display Terminals (VDTs). draft 1991

75. ISO-Norm 9241-11: Ergonomic Requirements for Office Work With Visual Display Terminals (VDTs). Part 11: Usability Specification. draft 1993

76. ISO-Norm 9241-14: Ergonomic Requirements for Office Work With Visual Display Terminals (VDTs). Part 14: Menu Dialogues. draft 1993

77. Johnson-Laird, P.N.: Mental Models in Cognitive Science. In: Norman, D.A. (Ed.) Perspectives on Cognitive Science. Norwood, NJ: Ablex, 1981

78. Karat, C.-M., Campbell, R., Fiegel, T.: Comparison of Empirical Testing and Walkthrough Methods in User Interface Evaluation. Proceedings of CHI'92, New York: ACM, 1992

79. Kay, A.C.: Die Zukunft erfinden. Technische Rundschau, 18, 28-34 (1992)

80. Kimm, R., Koch, W., Simonsmeier, W., Tontsch, F: Einführung in Software-Engineering. Berlin: de Gruyter, 1979

81. Keil-Slawik, R., Plaisant, C., Shneiderman, B.: Remote Direct Manipulation: A Case Study of a Telemedicine Workstation. In: Bullinger, H.-J. (ed.) Human Aspects in Computing: Design and Use of Interactive Systems and Information Management. Amsterdam: Elsevier Science Publishers, 1991

82. Kieras, D., Polson, P.G.: An Approach to the Formal Analysis of User Complexity. International Journal of Man-Machine Studies, 22, 365-394 (1985)

83. Klotz, U.: Lean Management braucht Lean Policy - Industriepolitischer Dialog zur Zukunftssicherung. Technische Rundschau, 22, 30-37 (1992)

84. Kreplin, K.-D.: Prototyping - Softwareentwicklung für den und mit dem Anwender. In: Heilmann et al. (Hrsg.) Handbuch der modernen Datenverarbeitung. Stuttgart; Wiesbaden: Forkel-Verlag, 1985.

85. Landauer, T.K.: Research Methods in Human-Computer-Interaction. In: Helander, M. (Ed.) Handbook of Human-Computer-Interaction. Amsterdam: North-Holland, 1988

86. Lang, J., Peters, H.: Erhebung ergonomischer Anforderungen an Software, die überprüfbar und arbeitswissenschaftlich abgesichert sind. TÜV Bayern: München, 1988

87. Lewis, C., Norman, D.A.: Designing for Error. In: Norman, D.A., Draper, S.E. (Eds.) User-Centred System Design: New Perspectives on Human-Computer Interaction. Lawrence Erlbaum: Hillsdale, N.J., 1986

88. Lewis, C., Polson, P., Wharton, C., Rieman, J.: Testing a Walkthrough Methodology for Theory-Based Design of Walk-Up-And-Use Interfaces. Proceedings of CHI '90, New York: ACM, 1990

89. Linderholm, O.: Klein, stark, schwarz. Apples erster Pen-Computer "Newton". Computer Magazin C't, 8, 62-66 (1992)

90. Lindermeier, R., Schattner, R., Kaiser, E., Lindner, S., Siebert, F.: Der sichere Weg zum Gütezeichen. TÜV Bayern. Prüfstelle für Software. 1988

91. Longworth, G., Nicholls, D., Abbott, J.: SSADM Developer's Handbook. Manchester: NCC Publications, 1988

92. Marmolin, H. DAMS - Design Aid for Menu Systems. Unveröffentlichtes Software Packet, 1990

93. Marshall, C., McManus, B., Prail, A.: Usability of Product X - Lessons from a Real Product. Behaviour and Information Technology, 9, 3, 243-253 (1990)

94. McMenamin, S.M., Palmer, J.F.: Strukturierte Systemanalyse. München: Hanser Verlag, 1988

95. McMillan, W.W.: Computing for Users with Special Needs and Models of Computer-Human Interaction. Proceedings of CHI´92, New York: ACM, 1992

96. Microsoft: The Windows Interface. An Application Design Guide. Redmond: Microsoft Press, 1991

97. Miles, I.: From IT in the Home to Home Informatics. In: Forester, T. (Ed.) Computers in the Human Context: Information Technology, Productivity and People. Oxford: Basil Blackwell, 1989

98. Miller, G.A., Galanter, E., Pribram, K.H.: Strategien des Handelns. Pläne und Strukturen des Verhaltens. Klett-Verlag: Stuttgart, 1973

99. Molich, R., Nielsen, J.: Improving a Human-Computer Dialogue. Communications of the ACM, Vol. 33, 3 (1990)

100. Monk, A.F., Wright, P.C.: Observations and Inventions: New Approaches to the Study of Human-Computer Interaction. Interacting with Computers, 3, 2, 204-216 (1991)

101. Moore, T.G., Dartnall, A.: Human factors of a Microelectronic Product: the Central Heating Timer / Programmer. Applied Ergonomics, 13, 1, 15-23 (1982)

102. Moran, T.P.: The Command-Language Grammar: A Representation for the User Interface of Interactive Computer Systems. International Journal of Man-Machine Studies, 15, 3-50, (1981)

103. Mountford, S.J.: When TVs are Computers are TVs. Proceedings of CHI´92, New York: ACM, 1992

104. Murchner, B., Oppermann, R., Paetau, M., Pieper, M., Simm, H., Stellmacher, I.: EVADIS - Ein Leitfaden zur softwareergonomischen Evaluation von Dialogschnittstellen. In: Schönpflug, W., Wittstock, M. (Hrsg.) Software-Ergonomie ´87. Nützen Informationssysteme dem Benutzer? Berichte des German Chapter of the ACM, Bd. 29. Stuttgart: Teubner, 1987

105. Nes van, F.L.: Panel: Interfaces for consumer products. In: Proceedings of CHI´92, New York: ACM, 1992

106. Nielsen, J.: Finding Usability Problems Through Heuristic Evaluation. Proceedings of CHI´92, New York: ACM, 1992

107. Nielsen, J., Molich, R.: Heuristic Evaluation of User Interfaces. Proceedings of CHI´90, New York: ACM, 1990

108. Norman, D.A.: Some Observations on Mental Models. In: Gentner, D., Stevens, A.L. (Eds.) Mental Models. Lawrence Erlbaum: Hillsdale, N.J., 1983

109. Norman, D.A.: Cognitive Engineering. In: Norman, D.A., Draper, S.E. (Eds.) User-Centred System Design: New Perspectives on Human-Computer Interaction. Lawrence Erlbaum: Hillsdale, N.J., 1986

110. Norman, D.A., Draper, S.E. (Eds.) User-Centred System Design: New Perspectives on Human-Computer Interaction. Lawrence Erlbaum: Hillsdale, N.J., 1986

111. Nullmeier, E., Rödiger, K.-H. (Hrsg.) Dialogsysteme in der Arbeitswelt. Mannheim: Wissenschaftsverlag, 1988

112. Oberquelle, H.: Benutzerorientierte Beschreibung von interaktiven Systemen mit RFA-Netzen. In: Schönpflug, W., Wittstock, M. (Hrsg.) Software-Ergonomie ´87. Stuttgart: Teubner, 1987

113. Oppermann, R., Murchner, B., Paetau, M., Pieper, M., Simm, H., Stellmacher, I.: Evaluation von Dialogsystemen. Der software-ergonomische Leitfaden EVADIS. Berlin: De Gruyter, 1988

114. Oppermann, R., Reiterer, H.: Der Evaluationsleitfaden EVADIS II. Ergonomie & Informatik, 15 (3), 25-29 (1992)

115. Ortner, E., Söllner, B.: Semantische Datenmodellierung nach der Objekttypenmethode. Informatik-Spektrum 12, 31-42 (1989)

116. OSF (Open Software Foundation): OSF/Motif Style Guide. Revision 1.1, Cambridge, 1989

117. Payne, S.J., Green, T.R.G.: Task-Action Grammars: A Model of the Mental Representation of Task Languages. Human-Computer-Interaction, 2, 93-133 (1986)

118. Peschke, H.: Betroffenenorientierte Systementwicklung. Prozeß und Methoden der Entwicklung menschengerechter Informationssysteme. Frankfurt: Lang, 1986

119. Peters, H., Frese, M., Zapf, D.: Funktions- und Nutzungsprobleme bei unterschiedlichen Dialogformen. Zeitschrift für Arbeitswissenschaft, 44, 3, 145-152 (1990)

120. Pfaff, G.E. (Ed.): User Interface Management Systems. Berlin, Heidelberg: Springer, 1985

121. Phillips, W.: Here´s One I Videod Earlier - The Phenomenon of Time-Shifting Live Television. The Independent, 8, 25 (1991)

122. Plaisant, C., Shneiderman, B., Battaglia, J.: Scheduling Home Control Devices. Human Factors in Practice, 12, 7-12 (1990)

123. Polson, P.: A Quantitative Model of Human-Computer Interaction. In: Carroll, J. (Ed.) Interfacing Thought: Cognitive Aspects of Human-Computer Interaction. Cambridge: MIT Press, 1987

124. Prümper, J., Heinbokel, T., Küting, H.J.: Virtuelle Prototypen als Werkzeuge zur benutzerzentrierten Produktentwicklung. Eingereicht bei: Zeitschrift für Arbeitswissenschaft, 1993

125. Rauterberg, M.: Benutzungs-orientierte Benchmark-Tests: eine Methode zur Benutzerbeteiligung bei Standardsoftware-Entwicklungen. In: Ackermann, D., Ulich, E. (Hrsg.) Software-Ergonomie ´91. Benutzerorientierte Software-Entwicklung. Berichte des German Chapter of the ACM, Bd. 33. Stuttgart: Teubner, 1991

126. Rauterberg, M.: An Empirical Comparison of Menu-Selection (CUI) and Desktop (GUI) Computer Programs Carried Out by Beginners and Experts. Behaviour & Information Technology, 11, 4, 227-236 (1992)

127. Rector, A.L., Horan, B., Fitter, M., Kay, S., Newton, P.D., Nowlan, W.A., Robinson, D., Wilson, A.: User Centred Development of a General Practice Medical Workstation: The Pen & Pad Experience. Proceedings of CHI´92, New York: ACM, 1992

128. Resnick, Virzi, R.A.: Skip and Scan: Cleaning Up Telephone Interfaces. Proceedings of CHI´92, New York: ACM, 1992

129. Rieman, J., Davies, S., Hair, D.C., Esemplare, M., Polson, P., Lewis, C.: An Automated Cognitive Walkthrough. Proceedings of CHI´91. Reaching Through Technology. ACM, 1991

130. Roudaud, B., Lavigne, V., Lagneau, O., Minor, E.: SCENARIOO: A New Generation UIMS. In: Diaper, D. et al. (Eds.) INTERACT ´90. Amsterdam: North-Holland, 1990

131. Rudolph, E., Schönfelder, E., Hacker, W.: Tätigkeitsbewertungssystem - Geistige Arbeit. Berlin, 1987

132. Russell, F.: Identification of Human Factors Inputs to Design Cycles. ESPRIT Project 385 - HUFIT. 1986

133. Schönpflug, W., Wittstock, M. (Hrsg.): Software-Ergonomie ´87. Nützen Informations-systeme dem Benutzer? Berichte des German Chapter of the ACM, Bd. 29. Stuttgart: Teubner, 1987

134. Selg, H.: Einführung in die experimentelle Psychologie. Stuttgart: Kohlhammer, 1975

135. Shneiderman, B: Direct Manipulation. A Step Beyond Programming Languages. IEEE Computer, 16, 8, 57-69 (1983)

136. Shneiderman, B: Designing the User Interface. Strategies for Effective Human-Computer Interaction. Addison-Wesley: Massachussetts, 1987

137. Smith, D.C., Irby, C , Kimball, R., Verplank, B., Harslem, E.: Designing the Star User Interface. In: Degano, P , Sandewall, E. (Eds.) Integrated Interactive Computing Systems. Amsterdam: North-Holland Publishing Comp., 1983

138. Smith, S.L., Mosier, J.N.: Guidelines for Designing User Interface Software. MITRE, Bedford, Massachussetts, 1986

139. SNI: Richtlinien zur Gestaltung von Benutzeroberflächen. Siemens Nixdorf Informationssysteme 1990

140. SNI: Alpha-Styleguide. Richtlinien zur Gestaltung von zeichenorientierten Benutzeroberflächen. Siemens Nixdorf Informationssysteme 1992

141. Spinas, P., Troy, N., Ulich, E.: Leitfaden zur Einführung und Gestaltung von Arbeit mit Bildschirmsystemen. Zürich: CW-Publikationen, 1983

142. Staufer, M.J.: Piktogramme für Computer. Kognitive Verarbeitung. Methoden zur Produktion und Evaluation. Berlin: deGruyter, 1987

143. Stelzl, I.: Fehler und Fallen der Statistik. Bern: Huber, 1982

144. Streitz, N., Lieser, A., Wolters, A.: The Combined Effect of Metaphor Worlds and Dialogue Modes in Human-Computer Interaction. In: Klix, F., Streitz, N., Waern, Y, Wandke, H. (eds.) Man-Computer Interaction Research - MACINTER II. Amsterdam: North-Holland, 1989

145. Strohm, O.: Projektmanagement bei der Software-Entwicklung. Eine arbeitspsychologische Analyse und Bestandsaufnahme. In: Ackermann, D., Ulich, E. (Hrsg.) Software-Ergonomie '91. Benutzerorientierte Software-Entwicklung. Berichte des German Chapter of the ACM, Bd. 33. Stuttgart: Teubner, 1991

146. Strothotte, T., Fach, P., Olsson, E., Reichert, L.: Software Tools for Practical Work with Formal Task Descriptions: A Case Study With an Extended GOMS Technique. In: Ackermann, D., Ulich, E. (Hrsg.) Software-Ergonomie '91. Benutzerorientierte Software-Entwicklung. Berichte des German Chapter of the ACM, Bd. 33. Stuttgart: Teubner, 1991

147. SUN: OpenLook™ Graphical User Interface Application Style Guidelines. Massachusetts: Addison-Wesley, 1989

148. Szydlik, F. P.: System Application Architecture. Common User Access. Panel Design and User Interaction. IBM, 1987

149. Taylor, B.H., Courtright, J.F., Acton, W.H., Fox, M.L.: Computer-Aided Checklist for Human Engineering. Proceedings of the Human Factors Society 33rd Annual Meeting. Albuquerque: BDM International, 1989

150. Tepper, A.: Paradoxien der Direkten Manipulation. In: Ackermann, D., Ulich, E. (Hrsg.) Software-Ergonomie '91. Benutzerorientierte Software-Entwicklung Berichte des German Chapter of the ACM, Bd. 33. Stuttgart: Teubner, 1991

151. Thimbleby, H.W.: User Interface Design and Formal Methods. Computer Bulletin, 2 (3), 13-15 (1986)

152. Ulich, E.: Differentielle Arbeitsgestaltung - ein Diskussionsbeitrag. Zeitschrift für Arbeitswissenschaft, 37, 12-15 (1983)

153. Ulich, E.: Aspekte der Benutzerfreundlichkeit. In: Remmel, W., Sommer, M. (Hrsg.) Arbeitsplätze morgen. Berichte des German Chapter of the ACM, Bd 27, Stuttgart: Teubner, 1986

154. Ulich, E.: Arbeitspsychologische Aspekte der Aufgabengestaltung. In: Maaß, S., Oberquelle, H. (Hrsg.) Software-Ergonomie '89 - Aufgabenorientierte Systemgestaltung und Funktionalität. Stuttgart: Teubner, 1989

155. VDI: Software-Ergonomie in der Bürokommunikation. VDI-Richtlinie 5005. Berlin: Beuth Verlag, 1990

156. Volpert, W., Oesterreich, R., Gablenz-Kolakovic, S., Krogoll, T., Resch, M.: Verfahren zur Ermittlung von Regulationserfordernissen in der Arbeitstätigkeit (VERA). Köln, 1983

157. Vossen, P.H., Sitter, S., Ziegler, J.: An Empirical Validation of Cognitive Complexity Theory. In: Bullinger, J.-J., Shackel, B. (Eds.) Human-Computer Interaction. Proceedings of INTERACT '87 Amsterdam: North-Holland, 1987

158. Vossen, P. H.: Rechnerunterstützte Verhaltensprotokollierung und Protokollanalyse. In: Rauterberg, M. u. Ulich, E. (Hrsg.) Posterband zur Software-Ergonomie '91. Gemeinsame Fachtagung des German Chapter of the ACM, der Gesellschaft für Informatik (GI) und der Schweizer Informatiker Gesellschaft SI. Zürich: IfAP-ETH, 1991

159. Wendel, R., Frese, M.: Developing Exploratory Strategies in Training: The General Approach and a Specific Example for Manual Use. In: Bullinger, J.-J., Shackel, B. (Eds.) Human-Computer Interaction. Proceedings of INTERACT '87 Amsterdam: North-Holland, 1987

160. Wharton, C., Bradford, J., Jeffries, R.: Applying Cognitive Walkthroughs to More Complex User Interfaces: Experiences, Issues, and Recommendations. Proceedings of CHI´92. Striking a Balance. ACM: New York, 1992

161. Weisbecker, A.: Objektorientiertes Design im Software-Entwicklungsprozeß: Möglichkeiten zur Steigerung von Effizienz und Produktivität. ONLINE ´90, 13. Europäische Congressmesse für Technische Kommunikation; Hamburg, 1990

162. Whitefield, A.: Models in Human Computer Interaction: a Classification With Special Reference to Their Uses in Design. In: Bullinger, J.-J., Shackel, B. (Eds.) Human-Computer Interaction. Proceedings of INTERACT ´87 Amsterdam: North-Holland, 1987

163. Whiteside, J., Bennett, J., Holtzblatt, K.: Usability Engineering: Our Experience and Evolution. In: Helander, M. (Ed.) The Handbook of Human-Computer Interaction. Amsterdam: North-Holland, 1988

164. Williams, G.: The Lisa Computer System. Byte 8, 2, 33-50 (1983)

165. Young, R.M.: The Machine Inside the Machine: Users Models of Pocket Calculators. International Journal of Man-Machine Studies, 15, 87-134 (1981)

166. Zapf, D., Brodbeck, F. C., Frese, M.: Errors in Working With Office Computers. A First Validation of a Taxonomy for Observed Errors in a Field Setting. Ergonomie & Informatik 9, 3-26 (1990)

167. Ziegler, J.: Software-Tools für interaktive Systeme: Stand und Perspektiven. ONLINE ´89. 12. Europäische Kongreßmesse für Technische Kommunikation, Hamburg (1989)
     CLG 5533

8. Anhang

Anhang A   Szenarien zur Beschreibung des Aufgabenspektrums des integrierten Audio/Video-Systems

Szenario T1 für ein integriertes Audio/Videosystem	
Benutzergruppe	Direkter Benutzer: Eine Person, die in einem Ein-Personenhaushalt lebt und somit als einziger Benutzer das Gerät bedient.
Situative und soziale Einflußfaktoren	Interessenkonflikte mit anderen Personen bestehen nicht.
Auslösendes Ereignis, Ziel des Benutzers	Sie möchten Nachrichten ansehen. Sie wissen, daß in wenigen Minuten im ZDF eine Nachrichtensendung läuft.
Ausgangszustand des Geräts	Alle Geräte befinden sich im Stand-by-Modus.
Gewünschtes Ergebnis	Sie sehen sich zunächst das **ZDF**-Programm an.

Szenario T2 für ein integriertes Audio/Videosystem	
Benutzergruppe	Indirekter Benutzer: Eine Person in der Verkaufsabteilung eines Elektronikfachgeschäfts.
Situative und soziale Einflußfaktoren	nicht relevant
Auslösendes Ereignis, Ziel des Benutzers	Sie möchten das Gerät einem Kunden vorführen. Da der Lautstärkepegel sehr hoch ist, möchten Sie die Lautstärke des Geräts reduzieren.
Ausgangszustand des Geräts	Fernseher läuft auf ARD. Die anderen Komponenten befinden sich im Stand-by-Modus.
Gewünschtes Ergebnis	Stellen Sie sich die **Lautstärke** auf die vierte Einheit ein.

Szenario T3 für ein integriertes Audio/Videosystem	
Benutzergruppe	Indirekter Benutzer: Eine Person in der Verkaufsabteilung eines Elektronikfachgeschäfts.
Situative und soziale Einflußfaktoren	nicht relevant
Auslösendes Ereignis, Ziel des Benutzers	Sie möchten das Gerät einem Kunden vorführen. Leider wurden Helligkeit, Kontrast und Farbe von anderen Kunden ungünstig eingestellt.
Ausgangszustand des Geräts	Fernseher läuft auf ARD. Helligkeit ist zu niedrig; Farbe zu intensiv; Kontrast zu niedrig. Die anderen Komponenten befinden sich im Stand-by-Modus.
Gewünschtes Ergebnis	Stellen Sie sich die **Helligkeit** auf die siebte Einheit, die **Farbe** auf die dritte Einheit und den **Kontrast** des Bildes auf die fünfte Einheit. Stellen sie die Werte so ein, daß diese Einstellungen auch beim nächsten Einschalten des Fernsehers noch gelten.

Szenario T4 für ein integriertes Audio/Videosystem	
Benutzergruppe	Direkter Benutzer: Eine Person, die in einem Ein-Personenhaushalt lebt und somit als einziger Benutzer das Gerät bedient.
Situative und soziale Einflußfaktoren	Interessenkonflikte mit anderen Personen bestehen nicht.
Auslösendes Ereignis, Ziel des Benutzers	Sie haben das Gerät auf ZDF eingeschaltet; wissen aber, daß auf SAT 1 ebenfalls eine interessante Sendung läuft.
Ausgangszustand des Geräts	Fernseher läuft auf ZDF. Die anderen Komponenten befinden sich im Stand-by-Modus.
Gewünschtes Ergebnis	Sie schalten vom ZDF auf das Programm **SAT 1** um. Sie können sich nicht entscheiden, welche Sendung interessanter ist und schalten deshalb **dreimal zwischen Sat 1 und ZDF hin- und her**. Schließlich entscheiden Sie sich für **SAT 1**.

Szenario T5 für ein integriertes Audio/Videosystem	
Benutzergruppe	Direkter Benutzer: Eine Person, die in einem Ein-Personenhaushalt lebt und somit als einziger Benutzer das Gerät bedient.
Situative und soziale Einflußfaktoren	Interessenkonflikte mit anderen Personen bestehen nicht.
Auslösendes Ereignis, Ziel des Benutzers	Sie sehen auf ARD gerade eine Sendung bis auf ZDF ein Fußballspiel beginnt. Sie möchten den Beginn nicht versäumen.
Ausgangszustand des Geräts	Fernseher läuft auf ARD Die anderen Komponenten befinden sich im Stand-by-Modus.
Gewünschtes Ergebnis	Sie haben die Möglichkeit, **gleichzeitig zwei Programme** anzusehen, eines in Normalgröße und eines stark verkleinert. Bitte schalten Sie den Fernseher so ein, daß Sie das **ARD-Programm in Normalgröße** und das **ZDF-Programm verkleinert** sehen können.

Szenario T6 für ein integriertes Audio/Videosystem	
Benutzergruppe	Direkter Benutzer: Eine Person, die in einem Ein-Personenhaushalt lebt und somit als einziger Benutzer das Gerät bedient.
Situative und soziale Einflußfaktoren	Interessenkonflikte mit anderen Personen bestehen nicht.
Auslösendes Ereignis, Ziel des Benutzers	Sie haben sich geirrt. Das gesuchte Fußballspiel kommt nicht in SAT 1, sondern auf RTLplus.
Ausgangszustand des Geräts	Fernseher läuft; Hauptbild auf ARD, Zweitbild auf ZDF. Die anderen Komponenten befinden sich im Stand-by-Modus.
Gewünschtes Ergebnis	Schalten Sie das **verkleinerte Fernsehbild** von ZDF auf das Programm **RTLplus** um.

Szenario T7 für ein integriertes Audio/Videosystem	
Benutzergruppe	Direkter Benutzer: Eine Person, die in einem Ein-Personenhaushalt lebt und somit als einziger Benutzer das Gerät bedient.
Situative und soziale Einflußfaktoren	Interessenkonflikte mit anderen Personen bestehen nicht.
Auslösendes Ereignis, Ziel des Benutzers	Im Zweitbild haben Sie das ZDF eingeschaltet, um den Beginn einer Sendung nicht zu verpassen. Diese Sendung beginnt jetzt.
Ausgangszustand des Geräts	Fernseher läuft; Hauptbild auf ARD, Zweitbild auf ZDF. Die anderen Komponenten befinden sich im Stand-by-Modus.
Gewünschtes Ergebnis	Sie möchten das **ZDF-Programm**, das im verkleinerten Fernsehbild angezeigt wird, **jetzt in Normalgröße** ansehen und danach das **verkleinerte Bild abschalten**.

Szenario T8 für ein integriertes Audio/Videosystem	
Benutzergruppe	Indirekter Benutzer: Eine Person, die das Gerät bei Kunden installiert.
Situative und soziale Einflußfaktoren	Steht unter Zeitdruck, kennt Gerät nicht sehr gut.
Auslösendes Ereignis, Ziel des Benutzers	Sie haben bereits einige Sender eingestellt. Um sicher zu gehen, daß nichts vergessen wurde, möchten Sie sich die Sender nochmal im Schnelldurchlauf ansehen.
Ausgangszustand des Geräts	Fernseher läuft auf ARD. Die anderen Komponenten befinden sich im Stand-by-Modus.
Gewünschtes Ergebnis	Sie müssen nicht alle Programme von Hand durchsehen, sondern Sie können den Fernseher so einstellen, daß **im verkleinerten Fernsehbild automatisch alle Programme nacheinander durchgeschaltet** werden. Schalten Sie diese automatische Weiterschaltung anschließend wieder ab.

Szenario T9 für ein integriertes Audio/Videosystem	
Benutzergruppe	Direkter Benutzer: Eine Person, die in einem Ein-Personenhaushalt lebt und somit als einziger Benutzer das Gerät bedient.
Situative und soziale Einflußfaktoren	Interessenkonflikte mit anderen Personen bestehen nicht.
Auslösendes Ereignis, Ziel des Benutzers	Sie sehen eine Sendung auf ARD, während Sie von einem anderen Sender einen Film mit Ihrem Video-Recorder aufnehmen.
Ausgangszustand des Geräts	Fernseher läuft auf ARD; VCR nimmt von einem anderen Sender auf. Die anderen Komponenten befinden sich im Stand-by-Modus.
Gewünschtes Ergebnis	Im Video-Recorder läuft eine Aufnahme. Bitte sehen Sie sich an, ob der **Film auf dem Videoband** noch aufgenommen wird oder schon zu Ende ist.

Szenario V1 für ein integriertes Audio/Videosystem	
Benutzergruppe	Direkter Benutzer: Eine Person, die in einem Ein-Personenhaushalt lebt und somit als einziger Benutzer das Gerät bedient.
Situative und soziale Einflußfaktoren	Interessenkonflikte mit anderen Personen bestehen nicht.
Auslösendes Ereignis, Ziel des Benutzers	Sie möchten einen Film aufnehmen, haben aber nur eine bespielte Cassette, auf der am Ende noch ausreichend Platz vorhanden ist.
Ausgangszustand des Geräts	VCR ist angeschaltet, Band ist eingelegt und vollständig zurückgespult. Die anderen Komponenten befinden sich im Stand-by-Modus.
Gewünschtes Ergebnis	Sie möchten die eingelegte Video-Cassette bis an das **Ende des ersten Films** vorspulen, um einen neuen Film aufzunehmen. (Jeder Filmanfang und jedes Filmende ist auf dem Band mit einer Marke gekennzeichnet.)

Szenario V2 für ein integriertes Audio/Videosystem	
Benutzergruppe	Direkter Benutzer: Eine Person, die in einem Ein-Personenhaushalt lebt und somit als einziger Benutzer das Gerät bedient.
Situative und soziale Einflußfaktoren	Interessenkonflikte mit anderen Personen bestehen nicht.
Auslösendes Ereignis, Ziel des Benutzers	Sie sehen gerade eine Sendung auf ARD. Dabei werden Sie angerufen und treffen eine Verabredung. Aus diesem Grund möchten Sie den gerade laufenden Film möglichst einfach auf Video aufzeichnen.
Ausgangszustand des Geräts	Der Fernseher läuft auf ARD. Die anderen Komponenten befinden sich im Stand-by-Modus.
Gewünschtes Ergebnis	Sie möchten den **Film aufnehmen**, der gerade **im ARD-Programm** läuft. Das Gerät soll aber **nach 10 Minuten von selbst abschalten**, da der Film dann zu Ende ist.

Szenario V3 für ein integriertes Audio/Videosystem	
Benutzergruppe	Direkter Benutzer: Eine Person, die in einem Ein-Personenhaushalt lebt und somit als einziger Benutzer das Gerät bedient.
Situative und soziale Einflußfaktoren	Interessenkonflikte mit anderen Personen bestehen nicht.
Auslösendes Ereignis, Ziel des Benutzers	Sie haben gerade eine Aufnahme gestartet, und möchten eine andere Sendung ansehen.
Ausgangszustand des Geräts	VCR nimmt Sendung von ARD auf. Die anderen Komponenten befinden sich im Stand-by-Modus.
Gewünschtes Ergebnis	Jetzt möchten Sie sich das **Südwest3-Programm** ansehen, aber gleichzeitig in einem **verkleinerten Fernsehbild** kontrollieren, **was im Video-Recorder aufgenommen** wird.

Szenario V4 für	
ein integriertes Audio/Videosystem	
Benutzergruppe	Direkter Benutzer: Eine Person, die in einem Ein-Personenhaushalt lebt und somit als einziger Benutzer das Gerät bedient.
Situative und soziale Einflußfaktoren	Interessenkonflikte mit anderen Personen bestehen nicht.
Auslösendes Ereignis, Ziel des Benutzers	Sie stellen fest, daß der aufgenommene Film doch nicht interessant ist.
Ausgangszustand des Geräts	VCR nimmt auf, Fernseher läuft, Hauptbild Südwest3, Zweitbild Videoaufnahme Die anderen Komponenten befinden sich im Stand-by-Modus.
Gewünschtes Ergebnis	Sie möchten den Film, der jetzt gerade aufgenommen wird, doch nicht weiter aufnehmen, und den **Aufnahmevorgang beenden**.

Szenario V5 für	
ein integriertes Audio/Videosystem	
Benutzergruppe	Direkter Benutzer: Eine Person, die in einem Ein-Personenhaushalt lebt und somit als einziger Benutzer das Gerät bedient.
Situative und soziale Einflußfaktoren	Interessenkonflikte mit anderen Personen bestehen nicht.
Auslösendes Ereignis, Ziel des Benutzers	-
Ausgangszustand des Geräts	Alle Komponenten befinden sich im Stand-by-Modus.
Gewünschtes Ergebnis	Sie möchten eine **Sendung aufnehmen**. Sie kommt am **Montag, den 20. September von 21.15 Uhr bis 21.50 im ZDF.** Stellen Sie den Video-Recorder so ein, daß er sich richtig einschaltet, wenn die Sendung verspätet anfangen sollte. Hierzu kann das Gerät das sogenannte **VPS-Signal** vom ZDF-Sender empfangen. Sie stellen fest, daß die programmierte Sendung vom Montag jede Woche ausgestrahlt wird. Sie möchten den Video-Recorder so einstellen, daß diese **Sendung automatisch jede Woche aufgenommen** wird.

Szenario V6 für	
ein integriertes Audio/Videosystem	
Benutzergruppe	Direkter Benutzer: Eine Person, die in einem Ein-Personenhaushalt lebt und somit als einziger Benutzer das Gerät bedient.
Situative und soziale Einflußfaktoren	Interessenkonflikte mit anderen Personen bestehen nicht.
Auslösendes Ereignis, Ziel des Benutzers	Eine Stelle auf dem Videoband interessiert Sie ganz besonders, diese kann man aber nur in Zeitlupe genau verfolgen.
Ausgangszustand des Geräts	VCR-Wiedergabe läuft. Die anderen Komponenten befinden sich im Stand-by-Modus.
Gewünschtes Ergebnis	Sie möchten sich eine Szene auf der Video-Cassette in **Zeitlupe** ansehen.

Szenario C1 für	
ein integriertes Audio/Videosystem	
Benutzergruppe	Eine Person in der Verkaufsabteilung eines Elektronikfachgeschäfts.
Situative und soziale Einflußfaktoren	nicht relevant
Auslösendes Ereignis, Ziel des Benutzers	Sie möchten einem Kunden die hervorragende Stereoqualität des A/V-Systems vorführen. Die aktuellen Klangeinstellungen gefallen Ihnen aber zunächst nicht.
Ausgangszustand des Geräts	CD-Spieler läuft. Die anderen Komponenten befinden sich im Stand-by-Modus.
Gewünschtes Ergebnis	Verändern Sie die **Höheneinstellung** um drei Einheiten, die **Tiefen** um zwei Einheiten. Anschließend möchten Sie doch **wieder die Originaleinstellungen** haben.

Szenario C2 für	
ein integriertes Audio/Videosystem	
Benutzergruppe	Direkter Benutzer: Eine Person, die in einem Ein-Personenhaushalt lebt und somit als einziger Benutzer das Gerät bedient.
Situative und soziale Einflußfaktoren	nicht relevant
Auslösendes Ereignis, Ziel des Benutzers	-
Ausgangszustand des Geräts	CD-Spieler ist an. Die anderen Komponenten befinden sich im Stand-by-Modus.
Gewünschtes Ergebnis	Sie möchten nun eine **CD-Platte anhören**, die bereits eingelegt ist. Spielen Sie von den **ersten 3 Titeln jeweils die ersten 10 s** an. Sie möchten wissen, **wie lange der dritte Titel noch dauert**. Lassen Sie sich dies anzeigen.

Szenario C3 für	
ein integriertes Audio/Videosystem	
Benutzergruppe	Direkter Benutzer: Eine Person, die in einem Ein-Personenhaushalt lebt und somit als einziger Benutzer das Gerät bedient.
Situative und soziale Einflußfaktoren	nicht relevant
Auslösendes Ereignis, Ziel des Benutzers	-
Ausgangszustand des Geräts	CD-Spieler ist an. Die anderen Komponenten befinden sich im Stand-by-Modus.
Gewünschtes Ergebnis	Sämtliche Titel der CD sollen jetzt in einer **zufälligen, vom Gerät selbst gewählten Reihenfolge** abgespielt werden.

Szenario C4 für	
ein integriertes Audio/Videosystem	
Benutzergruppe	Direkter Benutzer: Eine Person, die in einem Ein-Personenhaushalt lebt und somit als einziger Benutzer das Gerät bedient.
Situative und soziale Einflußfaktoren	nicht relevant
Auslösendes Ereignis, Ziel des Benutzers	-
Ausgangszustand des Geräts	CD-Spieler ist an. Die anderen Komponenten befinden sich im Stand-by-Modus.
Gewünschtes Ergebnis	Sie möchten, die Musik jetzt auf einem **anderen Lautsprecher-Paar** hören.

Szenario C5 für	
ein integriertes Audio/Videosystem	
Benutzergruppe	Direkter Benutzer: Eine Person, die in einem Ein-Personenhaushalt lebt und somit als einziger Benutzer das Gerät bedient.
Situative und soziale Einflußfaktoren	nicht relevant
Auslösendes Ereignis, Ziel des Benutzers	-
Ausgangszustand des Geräts	CD-Spieler ist an. Die anderen Komponenten befinden sich im Stand-by-Modus.
Gewünschtes Ergebnis	Sie haben festgestellt, daß Ihnen die **Titel 5, 1 und 7** besonders gut gefallen. Sie möchten diese Titel in dieser Reihenfolge **abspielen und automatisch immer wiederholen** lassen.

Szenario C6 für	
ein integriertes Audio/Videosystem	
Benutzergruppe	Direkter Benutzer: Eine Person, die in einem Ein-Personenhaushalt lebt und somit als einziger Benutzer das Gerät bedient.
Situative und soziale Einflußfaktoren	nicht relevant
Auslösendes Ereignis, Ziel des Benutzers	-
Ausgangszustand des Geräts	CD-Spieler ist an. Die anderen Komponenten befinden sich im Stand-by-Modus.
Gewünschtes Ergebnis	Jetzt gefällt Ihnen die Einstellung nicht mehr. Sie möchten den **Titel 7 nicht mehr** hören. Dafür aber **zusätzlich 2, 3 und 4**.

Anhang B   GOMS-Modellierung der Szenarien

TV-Szenarien

T1.   Sie sehen sich zunächst das **ZDF**-Programm an.

Goal: Tätigkeit entsprechend dem Szenario T1

Goal: Programm wählen (Methode: *Programmwahl*)
Operator: Wahl der Programm-Ziffer (Programmkennung)
Operator: Erkennen des Programmnamens (Erkennen des eingestellten Programms)
Operator: Überprüfen, ob gewünschtes Programm eingestellt

T2.   Stellen Sie sich die **Lautstärke** auf die vierte Einheit ein.

Goal: Tätigkeit entsprechend dem Szenario T2

Goal: Verändern der Lautstärke
Operator: Erkennen der aktuellen Lautstärke
Select: Methode: *Lauter*
            Methode: *Leiser*
Goal: Lautstärke lauter (Methode: *Lauter*)
Operator: Betätigen der Lauter-Taste (inkrementelle Zunahme der Lautstärke; -> bis gewünschte Lautstärke erreicht)
Operator: Erkennen der aktuellen Lautstärke
Operator: Überprüfen, ob gewünschte Lautstärke erreicht

Goal: Lautstärke leiser (Methode: *Leiser*)
Operator: Betätigen der Leiser-Taste (inkrementelle Reduktion der Lautstärke; -> bis gewünschte Lautstärke erreicht)
Operator: Erkennen der aktuellen Lautstärke
Operator: Überprüfen, ob gewünschte Lautstärke erreicht

T3.   Stellen Sie sich die **Helligkeit** auf die siebte Einheit, die **Farbe** auf die dritte Einheit und den **Kontrast** des Bildes auf die fünfte Einheit. Stellen sie die Werte so ein, daß diese Einstellungen auch beim nächsten Einschalten des Fernsehers noch gelten.

Goal: Tätigkeit entsprechend dem Szenario T3

Goal: Verstellen der Helligkeit
            Methode analog zum Verstellen der Lautstärke

Goal: Verstellen der Farbe
            Methode analog zum Verstellen der Lautstärke

Goal: Verstellen des Kontrast
            Methode analog zum Verstellen der Lautstärke

Goal: Speichern der aktuellen Einstellungen
Operator: Wahl der Speicherfunktion
Operator: Erkennen, daß aktuelle Einstellungen gespeichert wurden

T4.   Sie schalten vom ZDF auf das Programm **SAT 1** um. Sie können sich nicht entscheiden, welche Sendung interessanter ist und schalten deshalb **dreimal zwischen Sat 1 und ZDF hin- und her**. Schließlich entscheiden Sie sich für **SAT 1**.

Goal: **Tätigkeit entsprechend dem Szenario T4**
Methode:*Programmwahl* (SAT 1)

Methode: *Programmwahl* (ZDF)

Methode: *Programmwahl* (SAT 1)
Methode: *Programmwahl* (ZDF)

T5.   Sie haben die Möglichkeit, **gleichzeitig zwei Programme** anzusehen, eines in Normalgröße und eines stark verkleinert. Bitte schalten Sie den Fernseher so ein, daß Sie das **ARD-Programm in Normalgröße** und das **ZDF-Programm verkleinert** sehen können.

Goal: **Tätigkeit entsprechend der Aufgabe T5**
    Goal: **Programm des Hauptbilds (HB) wählen**
          Methode: *Programmwahl*
    Goal: **Programm des Zweitbilds (ZB) wählen (Methode *Programmwahl ZB*)**
          Goal: **Auf ZB-Anwahl schalten**
          Operator: **ZB-Umschalttaste (Wahl der ZB-An-Schaltung)**
          Operator: **Prüfen, daß Betätigung der ZB-An-Schaltung akzeptiert wurde**
          Methode: *Programmwahl*

T6.   Schalten Sie das **verkleinerte Fernsehbild** von ZDF auf das Programm **RTLplus** um.

Goal: **Tätigkeit entsprechend dem Szenario T6**
    Goal: **Programm des ZB wählen**
          Methode: *Programmwahl ZB*

T7.   Sie möchten das **ZDF-Programm**, das im verkleinerten Fernsehbild angezeigt wird, **jetzt in Normalgröße** ansehen und danach das **verkleinerte
Bild abschalten.**

Goal: **Tätigkeit entsprechend dem Szenario T7**
     Select: Methode: *manueller Wechsel*
                Methode: *automatisierter Wechsel*

     Goal: HB auf Einstellung des ZB setzen (Methode: *manueller Wechsel***)**
          Operator: Erkennen des ZB-Programms
          Goal: Entsprechendes Programm im HB wählen
                   Methode: *Programmwahl*

     Goal: Bildschirminhalte untereinander austauschen
          (Methode: *automatisierter Wechsel***)**
          Operator: Wahl der Tauschfunktion

     Goal: ZB abschalten
          Operator: Wahl des ZB-Aus-Schalters (ZB-Ausschaltfunktion)
          Operator: Erkennen, daß ZB ausgeschaltet wurde

T8.   Sie müssen nicht alle Programme von Hand durchsehen, sondern Sie
können den Fernseher so einstellen, daß **im verkleinerten Fernsehbild
automatisch alle Programme nacheinander durchgeschaltet** werden.
Schalten Sie diese automatische Weiterschaltung anschließend wieder
ab.

Goal: **Tätigkeit entsprechend dem Szenario T8**
     Goal: Durchschalten in ZB starten
          Operator: Wahl des ZB-An-Schalters (ZB-Anschaltfunktion)
          Operator: Erkennen, daß ZB-An-Schalter gewählt wurde
          Operator: Einschalten der Durchschalte-Funktion
          Operator: Erkennen, daß Durchschalte-Funktion gewählt wurde
          Operator: Ausschalten der Durchschalte-Funktion

T9.   Sie sehen eine Sendung auf ARD, während Sie von einem externen Gerät
einen Film auf Ihrem Video-Recorder aufnehmen. Bitte sehen Sie sich an,
ob der **Film auf dem Videoband** noch aufgenommen wird oder schon zu
Ende ist.

Goal: **Tätigkeit entsprechend dem Szenario T9**
     Goal: Videokanal wählen
          Operator: Wahl der Video-Taste (Videokanal ein - Funktion)
          Operator: Erkennen, daß Videokanal eingestellt
          Operator: Erkennen, daß Videocassette abgespielt wird

VCR-Szenarien

V1. Sie möchten die eingelegte Video-Cassette bis an das **Ende des ersten Films** vorspulen, um einen neuen Film aufzunehmen. (Jeder Filmanfang und jedes Filmende ist auf dem Band mit einer Marke gekennzeichnet.)

Goal: **Lösen der Aufgabe V1**

    Goal: **Vorspulen bis zur nächsten Marke**
    Operator: **Wahl der Skip-Vorwärts-Taste (Skip-Vorwärts-Funktion)**
    Operator: **Erkennen, daß Gerät vorwärts spult (-> bis Marke gefunden wurde)**
    Operator: **Erkennen, daß Gerät/Band an gesuchter Marke hält**

V2. Sie möchten den **Film aufnehmen**, der gerade **im ARD-Programm** läuft. Das Gerät soll aber **nach 10 Minuten von selbst abschalten**, da der Film dann zu Ende ist.

Goal: **Lösen der Aufgabe V2**

    Goal: **Aufnahme starten (Methode: *Aufnahme*)**
    Operator: **Wahl der Aufnahmefunktion**
    Operator: **Erkennen, daß aktuelles Programm aufgenommen wird**
    Goal: **Endzeit des Films eintragen (Methode: *Zeiteingabe*)**
        Goal: **Stunden eingeben**
        Select: **Methode: *10er-Tastatur***
                Methode: *Lauftasten*
        Goal: **Minuten eingeben**
        Select: **Methode: *10er-Tastatur***
                Methode: *Lauftasten*

    Goal: **Zahl über 10er-Tastatur eingeben (Methode: *10er-Tastatur*)**
    Operator: **Ziffern der Zahl eingeben**
    Operator: **Zahl quittieren**
    Operator: **Erkennen, daß Zahl übernommen wurde**

    Goal: **Zahl über Up/Down-Tasten eingeben (Methode: *Lauftasten*)**
    Operator: **Up/Down-Taste drücken (-> bis gewünschte Zahl eingestellt)**
    Operator: **Zahl quittieren**
    Operator: **Erkennen, daß Zahl übernommen wurde**

V3. Jetzt möchten Sie sich das **Südwest3-Programm** ansehen, aber gleichzeitig in einem **verkleinerten Fernsehbild** kontrollieren, **was im Video-Recorder aufgenommen** wird.

Goal: **Lösen der Aufgabe V3**
    Goal: **Programm des HB wählen**
    Methode: *Programmwahl*
    Goal: **Videokanal im ZB wählen**
    Operator: **Wahl des ZB-An-Schalters**
    Operator: **Erkennen, daß ZB gewählt**
    Operator: **Wahl der Video-Taste**

V4. Sie möchten den Film, der jetzt gerade aufgenommen wird, doch nicht weiter aufnehmen, und den **Aufnahmevorgang beenden.**

Goal: Lösen der Aufgabe V4
Goal: Beenden des Aufnahmevorgangs
Operator: Wahl der Stop-Taste
Operator: Erkennen, daß Aufnahme abgebrochen

V5. Sie möchten eine **Sendung aufnehmen.** Sie kommt am **Montag, den 20. September von 21.15 Uhr bis 21.50 im ZDF.** Stellen Sie den Video-Recorder so ein, daß er sich richtig einschaltet, wenn die Sendung verspätet anfangen sollte. Hierzu kann das Gerät das sogenannte **VPS-Signal** vom ZDF-Sender empfangen.
Sie stellen fest, daß die programmierte Sendung vom Montag jede Woche ausgestrahlt wird. Sie möchten den Video-Recorder so einstellen, daß diese **Sendung automatisch jede Woche aufgenommen** wird.

Goal: Lösen der Aufgabe V5
Goal: Aufnahme programmieren (Methode: *Programmieren*)
Operator: Wahl der Programmier-Taste
Operator: Erkennen der nötigen Eingaben (Kanal, Datum, Anfangs- und Endzeit, VPS an/aus)
Goal: Kanal eingeben
Select: Methode: *10er-Tastatur*
Methode: *Lauftasten*
Goal: Datum eingeben (Methode: *Datumseingabe*)
Goal: Tag eingeben
Select: Methode: *10er-Tastatur*
Methode: *Lauftasten*
Goal: Monat eingeben
Select: Methode: *10er-Tastatur*
Methode: *Lauftasten*
Goal: Jahr eingeben
Select: Methode: *10er-Tastatur*
Methode: *Lauftasten*
Goal: Anfangszeit eingeben
Methode: *Zeiteingabe*
Goal: VPS-Modus einschalten
Operator: Betätigen des VPS-An/Aus-Schalters
Operator: Erkennen, ob VPS an oder aus geschaltet wurde
Goal: Endzeit eingeben
Methode: *Zeiteingabe*
Goal: Wöchentliche Wiederholung der Aufnahme einstellen
Operator: Wahl der Wiederhol-Taste
Operator: Erkennen, daß Wiederhol-Taste gewählt wurde
Operator: Wahl der Wöchentlich-Taste
Operator: Erkennen, daß Wöchentlich-Taste gewählt
Goal: Prüfung der gewünschten Programmierung
Operator: Erkennen der Programmierung (Datum, Kanal, Anfangs- und Endzeit)
Goal: Gerät in Bereitschaft bringen
Methode: *Bereitschaft*

Goal: Gerät in Bereitschaft bringen (Methode: *Bereitschaft*)
Operator: Video-Cassette einlegen
Operator: Gerät in Bereitschaft bringen
Operator: Erkennen, daß Gerät bereit ist

<table><tr><td>

V6.   Jetzt möchten Sie sich noch eine Szene auf der Video-Cassette in **Zeitlupe** ansehen.

Goal: **Lösen der Aufgabe V6**

> **Goal:** **Video-Aufzeichnung in Zeitlupe ansehen**
> **Operator:** **Wahl des Zeitlupe-Schalters**
> **Operator:** **Erkennen, daß Zeitlupe läuft**

</td></tr></table>

DV/CD-Szenarien

<table><tr><td>

C1.   Die aktuellen Klangeinstellungen gefallen Ihnen nicht. Verändern Sie die **Höheneinstellung** um drei Einheiten, die **Tiefen** um zwei Einheiten. Anschließend möchten Sie doch **wieder die Originaleinstellungen** haben.

Goal: **Lösen der Aufgabe C1**

> **Goal:** **Verstellen der Höhen**
> **Methode analog zum Verstellen der Lautstärke**
> **Goal:** **Verstellen der Tiefen**
> **Methode analog zum Verstellen der Lautstärke**
> **Goal:** **Zurück zur Originaleinstellung**
> **Operator:** **Wahl der Default-Taste**
> **Operator:** **Erkennen, daß Originaleinstellung gewählt wurde**

</td></tr></table>

<table><tr><td>

C2.   Sie möchten nun eine **CD-Platte anhören**, die bereits eingelegt ist. Spielen Sie von den **ersten 3 Titeln jeweils die ersten 10 s** an. Sie möchten wissen, **wie lange der dritte Titel noch dauert**. Lassen Sie sich dies anzeigen.

Goal: **Lösen der Aufgabe C2**

> **Goal:** **Anspielautomatik wählen**
> **Operator:** **Wahl der Anspielautomatik-Taste**
> **Operator:** **Erkennen, daß Anspielautomatik läuft**
> **Operator:** **Erkennen der Titelnummer des aktuellen Titels**
> **Goal:** **Restzeitanzeige einschalten**
> **Select:** **Methode: *A***
> **Methode: *B***
> **Goal:** **Abspielen beenden**
> **Operator:** **Wahl der Stop-Taste (nach drei Titel)**
> **Operator:** **Erkennen, daß Abspielvorgang beendet**
>
> **Goal:** **Display durch wiederloltes Betätigen einer Taste durchschalten (Methode: *A*)**
> **Operator:** **Wahl der Display-Umschalte-Taste (-> bis Restzeit-Anzeige des Titels dargestellt wird)**
> **Operator:** **Erkennen, daß Restzeit des Titels im Display angezeigt wird**
>
> **Goal:** **Anzeige des Displays direkt auswählen (Methode: *B*)**
> **Operator:** **Wahl der Restzeit/Titel-Taste**
> **Operator:** **Erkennen, daß Restzeit des Titels im Display angezeigt wird**

</td></tr></table>

C3. Sämtliche Titel der CD sollen jetzt in einer **zufälligen, vom Gerät selbst gewählten Reihenfolge** abgespielt werden.

Goal: Lösen der Aufgabe C3

> **Goal: Zufälliges Abspielen wählen**
> **Operator: Wahl der Zufalls-Taste**
> **Operator: Erkennen, daß Titel in zufälliger Reihenfolge abgespielt werden**
> **Operator: Erkennen der Titelnummern des aktuellen Titels**

C4. Sie möchten, die Musik jetzt auf einem **anderen Lautsprecher-Paar** hören.

Goal: Lösen der Aufgabe C4

> **Goal: Anderes Lautsprecherpaar wählen**
> **Operator: Am Lautsprecher-Schalter entsprechendes Paar einstellen**
> **Operator: Erkennen, welches Paar eingestellt**

C5. Sie haben festgestellt, daß Ihnen die **Titel 5, 1 und 7** besonders gut gefallen. Sie möchten diese Titel in dieser Reihenfolge **abspielen und automatisch immer wiederholen** lassen.

Goal: Lösen der Aufgabe C5

> **Goal: Bestimmte Titel einprogrammieren (Methode: *Titel programmieren*)**
> **Select: Methode: *10er-Tastatur***
> **Methode: *Lauftasten***
> **Operator: Erkennen des eingegebenen Titels (-> wiederholen bis alle gewünschten Titel eingegeben)**
> **Operator: Wahl der Play-Taste**
> **Operator: Erkennen, daß Gerät abspielt**

C6. Jetzt gefällt Ihnen die Einstellung nicht mehr. Sie möchten den **Titel 7 nicht mehr** hören. Dafür aber **zusätzlich 2, 3 und 4.**

Goal: **Lösen der Aufgabe C6**

    Goal: **Verändern der abzuspielenden Titel**
        Select: **Methode:** *Löschen*
        Methode: *Editieren*

    Goal: **Löschen und Neueingabe der Titel (Methode:** *Löschen***)**
        Goal: **Löschen aller bisherigen Einträge**
            Operator: **Wahl der Clear-Taste (Löschen-Funktion)**
            Operator: **Erkennen, daß alle Titel gelöscht sind**
        Goal: **Neueingabe der Titel**
            Operator: **Methode:** *Titel programmieren*

    Goal: **Editieren der gespeicherten Titel (Methode:** *Editieren***)**
        Goal: **Zu löschende Titel auswählen**
            Operator: **Gewünschte Titel anfahren und auswählen**
            Operator: **Erkennen, welche Titel ausgewählt sind**
        Goal: **Ausgewählte Titel löschen**
            Operator: **Wahl der Clear-Taste (Löschen-Funktion)**
            Operator: **Erkennen, daß ausgewählte Titel gelöscht sind**
        Goal: **Neue Titel in Reihenfolge der schon programmierten Titel einordnen**
            Operator: **Gewünschte Position anfahren**
            Operator: **Erkennen, welche Position angefahren wurde**
            Methode: *Titel programmieren*

Anhang C   Dialogbeschreibung des Audio/Video-Systems

Die beiden Dialognetze zu den beiden Sichten "Gesamtsystem Detailsicht" und "TV-Parametersicht" sind bereits in Kap. 5.2.3 dargestellt. Die Grammatik der Dialognetze wird in Kap. 4.3.2 erläutert.

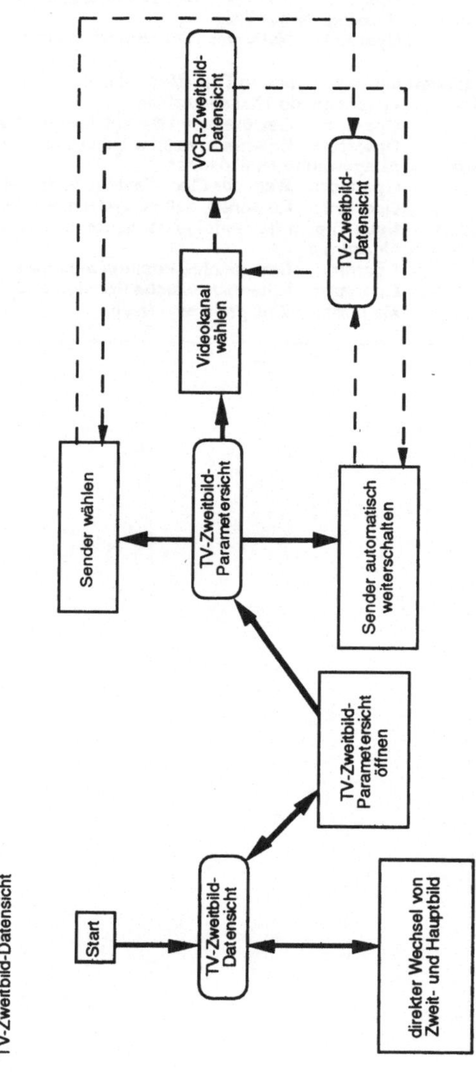

TV-Zweitbild-Datensicht

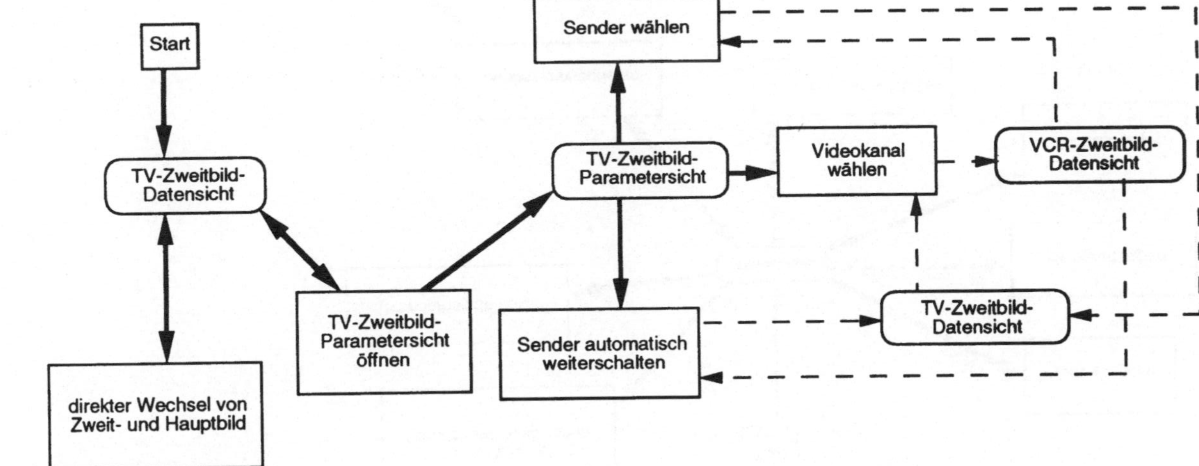

Einstellungen

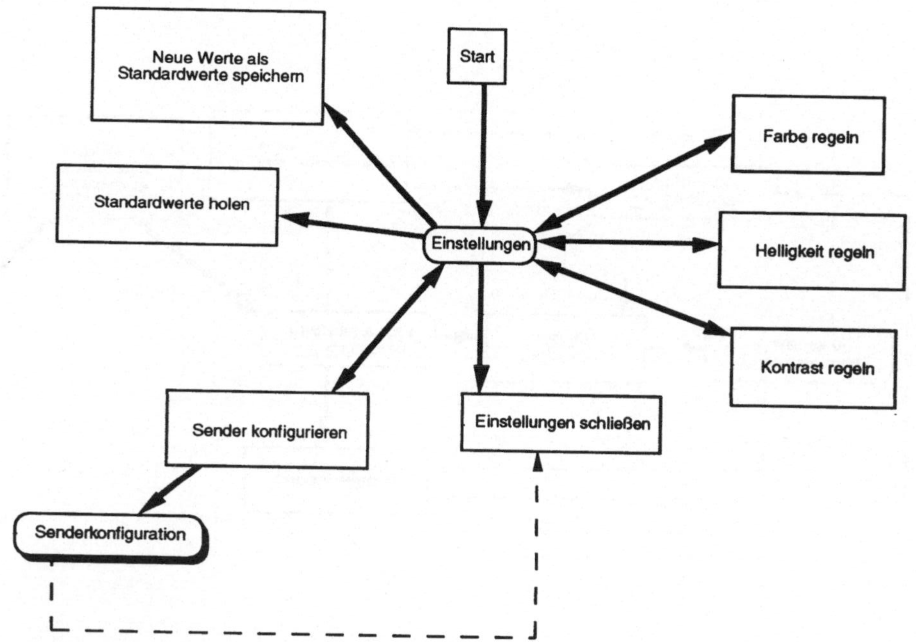

Senderkonfiguration

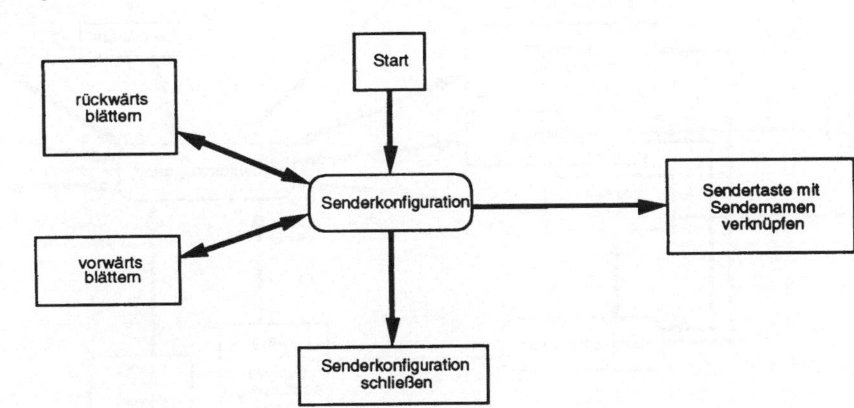

Video-Parametersicht

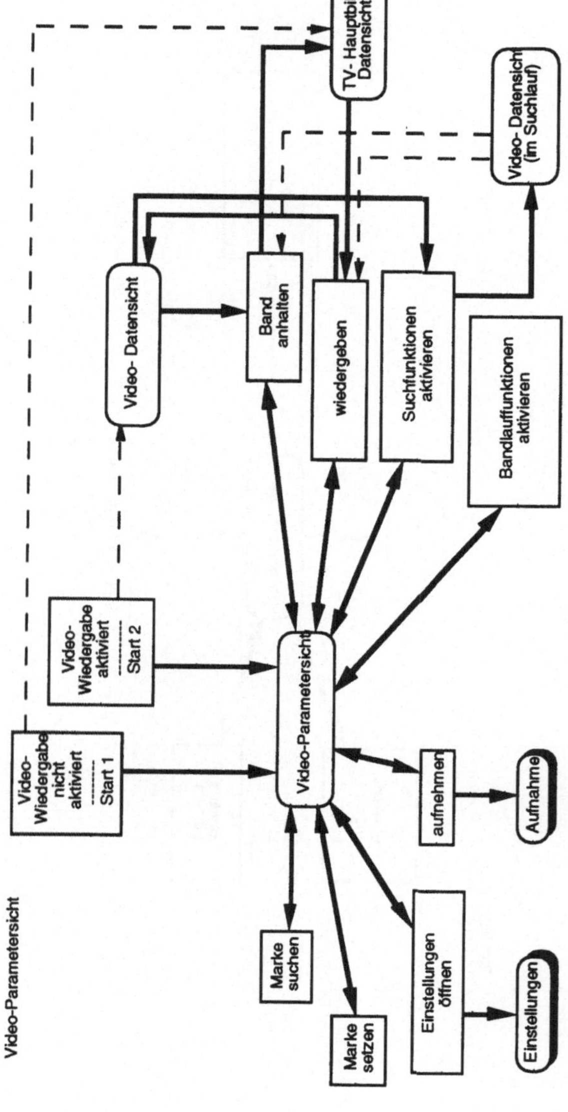

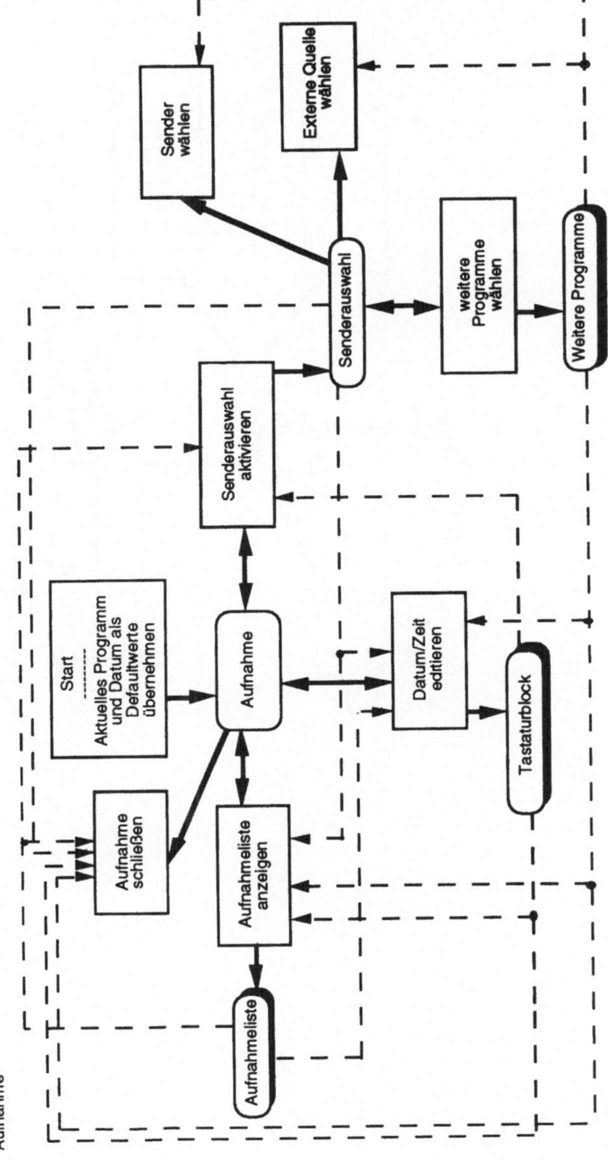

Sender wählen
Externe Quelle wählen
Senderauswahl
weitere Programme wählen
Weitere Programme
Senderauswahl aktivieren
Start
Aktuelles Programm und Datum als Defaultwerte übernehmen
Aufnahme
Datum/Zeit editieren
Tastaturblock
Aufnahme schließen
Aufnahmeliste anzeigen
Aufnahmeliste
Aufnahme

Tastaturblock

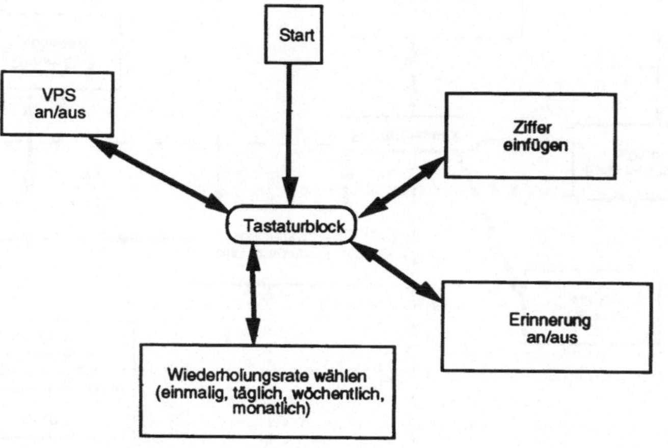

Aufnahmeliste

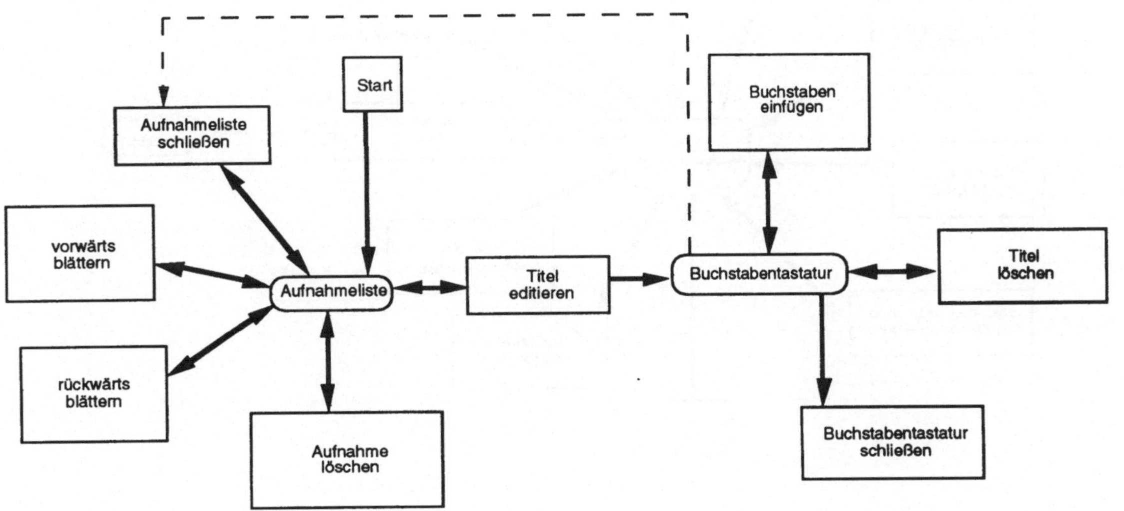

CD-Parametersicht

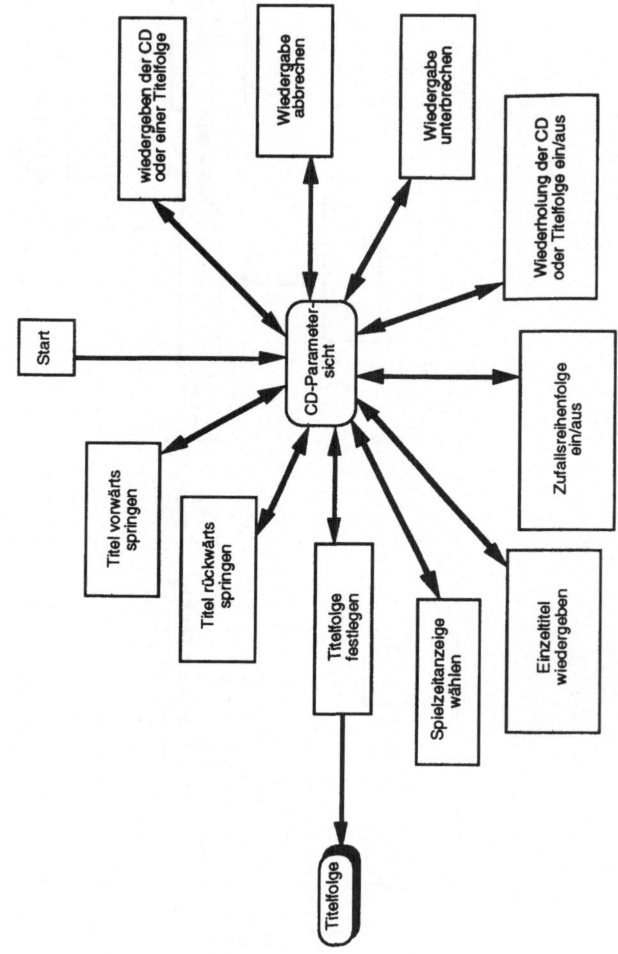

Start
Titelfolge
Einzeltitel in
Titelfolge
übernehmen
Einzeltitel aus
Titelfolge löschen
Titelfolge
löschen

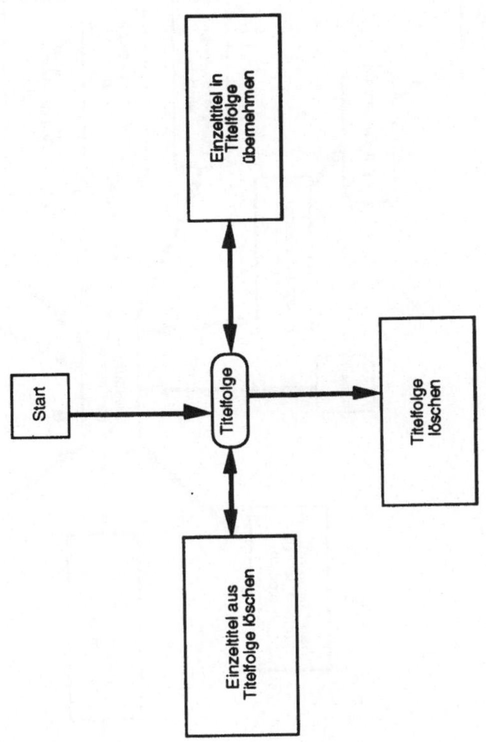

Titelfolge

180

Verstärker-Parametersicht

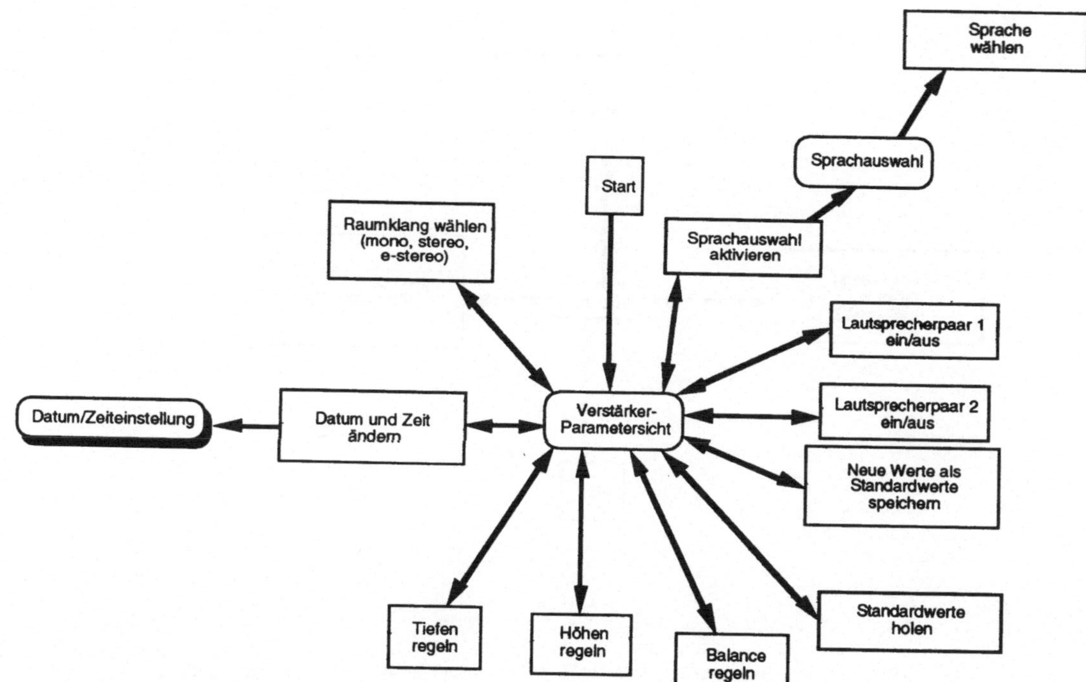

Anhang D Farbabzug zu Prototyp III

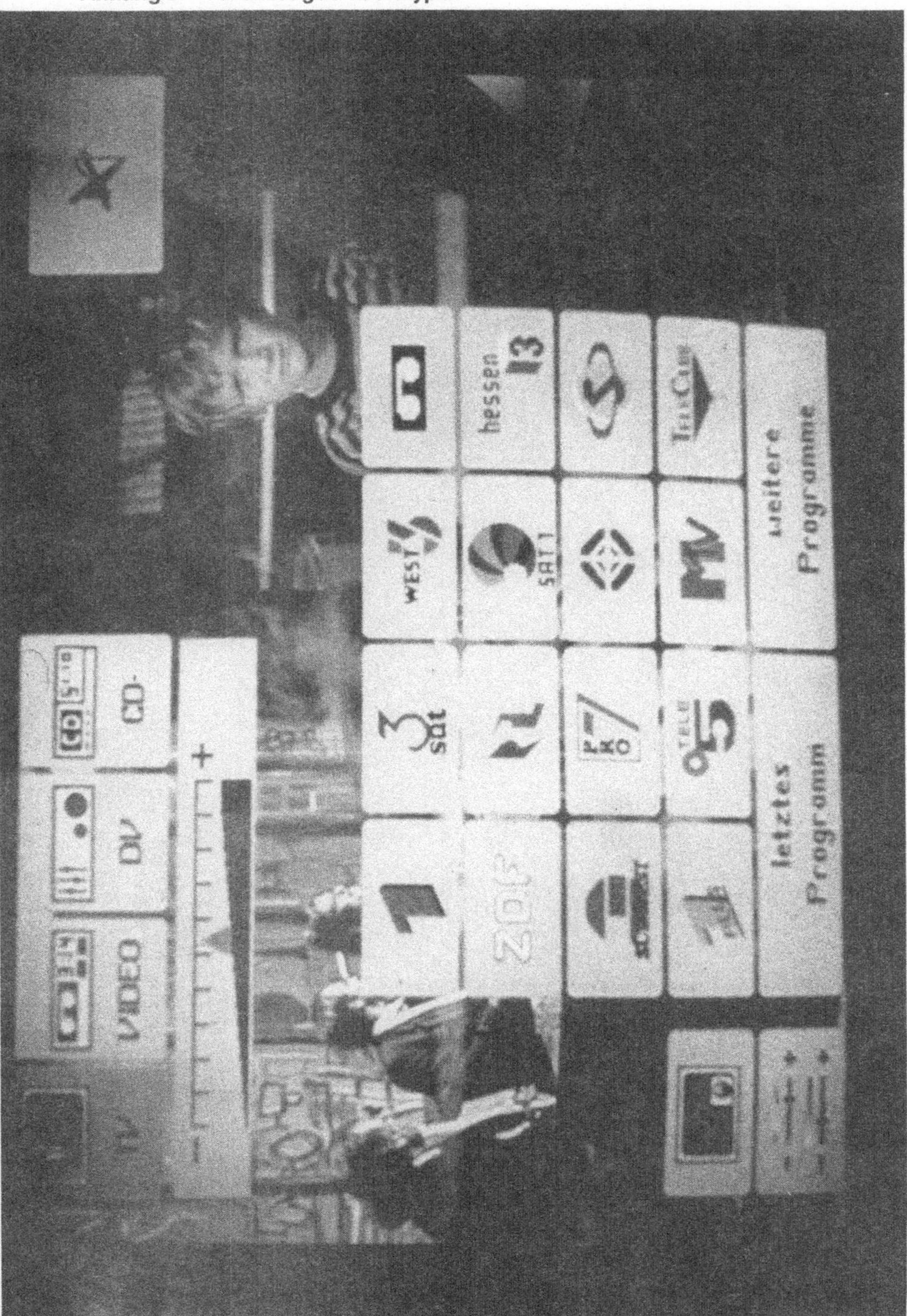

Stufenweise Ableitung eines praktischen Planungssystems für den Entwicklungsbereich
Von R Hichert ISBN 3-7830-0149-8
1978, 151 Seiten, kartoniert
52.— DM

Produktionsplanung mit Auftragsfamilien
Von U W Geitner ISBN 3-7830-0161 7
1979, 110 Seiten, kartoniert
45.— DM

Thermisch-chemisches Entgraten
Von T Wagner ISBN 3-7830-0164-1
1979, 111 Seiten, kartoniert
45.— DM

Untersuchung der Materialflußkosten bei ausgewählten Systemen der Zentralen Arbeitsverteilung
Von R Wenzel ISBN 3-7830-0162-5
1979, 168 Seiten, kartoniert
86.— DM

Anpassung und Einführung eines Planungssystems für die Ablaufplanung im Konstruktionsbereich
Von W Dangelmaier ISBN 3-7830-0163-3
1979, 168 Seiten, kartoniert
80.— DM

Längenmessungen an bewegten Teilen mit berührungslos wirkenden Aufnehmern
Von H Lang ISBN 3-7830-0157-9
1979, 89 Seiten, kartoniert
42.— DM

Untersuchung multistabiler Strömungselemente und ihr Einsatz in sequentiellen Steuerungen
Von A Ernst ISBN 3-7830-0157-9
1979, 122 Seiten, kartoniert
48.— DM

Taktile Sensoren für programmierbare Handhabungsgeräte
Von M Schweizer ISBN 3-7830-0158-7
1979, 91 Seiten, kartoniert
42.— DM

Die rechnerunterstützte Prüfplanung
Von P Blasing ISBN 3-7830-0152-8
1979, 100 Seiten, kartoniert
44.— DM

Verfahren zur Fabrikplanung im Mensch-Rechner-Dialog am Bildschirm
Von W Ernst ISBN 3-7830-0156-0
1979, 218 Seiten kartoniert
72.— DM

Rechnerunterstütztes Verfahren zur Leistungsabstimmung von Mehrmodell-Montagesystemen
Von M Gorke ISBN 3-7830-0155-2
1979, 139 Seiten, kartoniert
50.— DM

Standortbezogene Betriebsmittel
Von G Pflieger ISBN 3-7830-0167-6
1979, 127 Seiten, kartoniert
52.— DM

Die betriebswirtschaftliche Beurteilung neuer Arbeitsformen
Von B -H Zippe ISBN 3-7830-0168-4
1979, 350 Seiten, kartoniert
98.— DM

Untersuchung des Arbeitsverhaltens programmierbarer Handhabungsgeräte
Von B Brodbeck ISBN 3-7830-0169-2
1979, 117 Seiten, kartoniert
48.— DM

Untersuchung eines kohärent-optischen Verfahrens zur Rauheitsmessung
Von N Rau ISBN 3-7830-0174-9
1979, 117 Seiten, kartoniert
48.— DM

Entwicklung einer programmierbaren, pneumatischen Steuerung
Von D Klemenz ISBN 3-7830-0171-4
1979, 93 Seiten, kartoniert
42.— DM

IPA Forschung und Praxis

Berichte aus dem Fraunhofer-Institut für Produktionstechnik und Automatisierung, Stuttgart, und dem Institut für Industrielle Fertigung und Fabrikbetrieb der Universität Stuttgart

Herausgeber: Prof. Dr.-Ing. H. J. Warnecke

IPA-IAO Forschung und Praxis

Berichte aus dem Fraunhofer-Institut für Produktionstechnik und
Automatisierung (IPA), Stuttgart, Fraunhofer-Institut für Arbeitswirtschaft
und Organisation (IAO), Stuttgart, und Institut für Industrielle Fertigung
und Fabrikbetrieb der Universität Stuttgart

Herausgeber: Prof. Dr.-Ing. H. J. Warnecke und Prof. Dr.-Ing. H.-J. Bullinger

---

80 **Flexibilität und Kapazität von Werkstückspeichersystemen**
Von Bernhard Graf ISBN 3-540-13970-2
1984, 115 Seiten mit 71 Abbildungen — 63,– DM

T1 **Flexible Fertigungssysteme**
17 IPA-Arbeitstagung zusammen mit der 3 Internationalen Konferenz
„Flexible Manufacturing Systems (FMS-3)", ISBN 3-540-13807-2
1984, 249 Seiten mit zahlreichen Abbildungen — 118,– DM

T2 **Integrierte Bürosysteme**
3 IAO-Arbeitstagung ISBN 3-540-13978-8
1984, 633 Seiten mit zahlreichen Abbildungen — 168,– DM

81 **Rechnerunterstützte Planung von Montageablaufstrukturen für Erzeugnisse der Serienfertigung**
Von Ernst-Dieter Ammer ISBN 3-540-15056-0
1985, 120 Seiten mit 1 Faltblatt und 33 Abbildungen — 63,– DM

82 **Flexibilität von personalintensiven Montagesystemen bei Serienfertigung**
Von Heinrich Vahning ISBN 3-540-15093-5
1985, 152 Seiten mit 49 Abbildungen — 63 – DM

83 **Ordnen von Werkstücken mit programmierbaren Handhabungsgeraten und Werkstückerkennungssensoren**
Von Ingo Schmidt ISBN 3-540-15375-6
1985, 111 Seiten mit 66 Abbildungen — 63,– DM

84 **Systematische Investitionsplanung**
Von Jorge Moser ISBN 3-540-15370-5
1985, 190 Seiten mit 69 Abbildungen — 63 – DM

T3 **Montage · Handhabung Industrieroboter**
Internationaler MHI-Kongreß im Rahmen der Hannover-Messe '85 ISBN 3-540-15500-7
1985, 267 Seiten mit zahlreichen Abbildungen — 128,– DM

85 **Flexible Montagesysteme – Konzeption und Feinplanung durch Kombination von Elementen**
Von Peter Konold / Bernd Weller ISBN 3-540-15606-2
1985, 162 Seiten mit 71 Abbildungen und 9 Tabellen — 63,– DM

T4 **Menschen · Arbeit · Neue Technologien**
4 IAO-Arbeitstagung zusammen mit der 2 Internationalen Konferenz
„Human Factors in Manufacturing" ISBN 3-540-15763-8
1985, 442 Seiten mit zahlreichen Abbildungen — 168,– DM

86 **Leitstandunterstützte kurzfristige Fertigungssteuerung bei Einzel- und Kleinserienfertigung**
Von Lothar Aldinger ISBN 3-540-15903-7
1985, 151 Seiten mit 49 Abbildungen und 2 Tabellen — 63,– DM

87 **Bestimmen des Bürstenverhaltens anhand einer Einzelborste**
Von Klaus Przyklenk ISBN 3-540-15956-8
1985, 117 Seiten mit 74 Abbildungen — 63,– DM

88 **Montage großvolumiger Produkte mit Industrierobotern**
Von Jörg Walther ISBN 3-540-16027-2
1985, 125 Seiten mit 58 Abbildungen — 63,– DM

89 **Algorithmen und Verfahren zur Erstellung innerbetrieblicher Anordnungspläne**
Von Wilhelm Dangelmaier ISBN 3-540-16144-9
1986, 268 Seiten mit 79 Abbildungen — 68,– DM

90 **Bewertung der Instandhaltung von Fertigungssystemen in der technischen Investitionsplanung**
Von Hagen U Uetz ISBN 3-540-16166-X
1986, 129 Seiten mit 38 Abbildungen — 68,– DM

91 **Entgraten durch Hochdruckwasserstrahlen**
Von Manfred Schlatter ISBN 3-540-16172-4
1986, 167 Seiten mit 89 Abbildungen und 18 Tabellen — 68,– DM

92 **Werkstückorientierte Verfahrensauswahl zum Gußputzen mit Industrierobotern**
Von Wolfgang Sturz ISBN 3-540-16224-0
1986, 156 Seiten mit 59 Abbildungen — 68,– DM

93 **Verfahren zur Verringerung von Modell-Mix-Verlusten in Fließmontagen**
Von Reinhard Koether ISBN 3-540-16499-5
1986, 175 Seiten mit 46 Abbildungen und 1 Tabelle — 68,– DM

94 **Entwicklung und Einsatz eines interaktiven Verfahrens zur Leistungsabstimmung von Montagesystemen**
Von Gunter Schad ISBN 3-540-16978-4
1986, 120 Seiten mit 31 Abbildungen und 1 Tabelle — 68,– DM

Die Bände sind im Erscheinungsjahr und in den folgenden drei Kalenderjahren zu beziehen durch den örtlichen Buchhandel oder durch Lange & Springer, Otto-Suhr-Allee 26-28, 10585 Berlin.